中国怀来与葡萄酒

李德美　孙志军 ——— 主编

中国轻工业出版社

图书在版编目（CIP）数据

中国怀来与葡萄酒 / 李德美，孙志军主编. —北京：
中国轻工业出版社，2022.6
ISBN 978-7-5184-3118-2

Ⅰ.①中… Ⅱ.①李… ②孙… Ⅲ.①葡萄酒—介绍
—怀来县 Ⅳ.①TS262.6

中国版本图书馆 CIP 数据核字（2020）第 137463 号

审图号：GS 京（2022）0039 号

封面文件底图由河北省制图院提供

责任编辑：江　娟　王　韧　　责任终审：劳国强　　整体设计：锋尚设计
策划编辑：江　娟　　　　　　责任校对：吴大朋　　责任监印：张　可

出版发行：中国轻工业出版社（北京东长安街6号，邮编：100740）
印　　刷：鸿博昊天科技有限公司
经　　销：各地新华书店
版　　次：2022年6月第1版第3次印刷
开　　本：720×1000　1/16　印张：17.75
字　　数：281千字
书　　号：ISBN 978-7-5184-3118-2　定价：200.00元
邮购电话：010-65241695
发行电话：010-85119835　传真：85113293
网　　址：http://www.chlip.com.cn
Email：club@chlip.com.cn
如发现图书残缺请与我社邮购联系调换
220290K1C103ZBW

《中国怀来与葡萄酒》编委会名单

序
Preface

　　怀来是中国著名的葡萄和葡萄酒之乡，史料记载和考古发现证明，其葡萄栽培已有上千年历史；而用葡萄酿酒的历史，可追溯到中华民国时期。1949年之后，怀来的葡萄种植业得以恢复与发展。特别是20世纪70年代中期，怀来以其独特的自然地理优势，以及由此赋予葡萄的优异品质，得到了以郭其昌先生为代表的专家学者的认可，从此，怀来葡萄与葡萄酒产业揭开了崭新的一页。

　　从第一瓶新工艺干白葡萄酒的诞生，到传统法起泡酒和国际标准白兰地的研制；从"长城""桑干"等国内著名葡萄酒品牌的崛起，到整个怀来葡萄酒产业集群的形成；从怀来葡萄酒原产地保护的实施，到葡萄种植与酿酒环节的规范化管理，怀来一直在与国际接轨，逐渐成为了一个独具特色的中国葡萄酒产区。

　　河北省委书记王东峰自2018年10月至2020年5月，先后四次到怀来县视察调研，就做强、做大葡萄产业做出了一系列重要指示。王东峰书记的指示符合习近平新时代中国特色社会主义思想，符合葡萄产业升级发展的客观规律，具有世界眼光、国际视野，站位高远。这不仅为我县做强、做大葡萄产业指明了方向、提供了遵循的原则，更为我们提出了明确目标、指出了具体措施。怀来葡萄产业进入快速发展阶段。

　　为了让更多的中外葡萄酒专业人士和葡萄酒爱好者了解怀来葡萄酒，也为了记录中国葡萄酒发展的一段宝贵历史，由世界十大葡萄酒顾问之一的李德美以及国内资深葡萄酒记者孙志军担纲，并邀请了国际著名的飞行酿酒师和葡萄酒顾问米歇尔·罗兰、布鲁塞尔世界酒类大奖赛（CMB）主席卜度安·哈佛、葡萄酒大师（MW）安德鲁·凯拉、酒评家史蒂芬·史普瑞尔、葡萄酒大师（MW）莉斯·撒奇、著名葡萄酒专栏作家庄布忠以及国内葡萄与葡萄酒专家马会勤、中国农学院葡萄分会会长刘俊等撰文，编辑出版了《中国怀来与葡萄酒》一书。通过这本书，读者可以熟知怀来葡萄酒行业的发展历程与未来规划，并理解和把握怀来葡萄酒的独特风格。

　　怀来葡萄酒的历史，也是中国葡萄酒产业历史的一个缩影。产业自信与民族自信、文化自信又是密切相关的。怀来葡萄酒无论是在产品品质还是品牌形象上，完全可以与国内外顶级葡萄酒相媲美。怀来也是北京名副其实的后花园和康养胜地，欢迎大家到怀来品酒休闲、旅游度假。

张家口市人民政府副市长　孙晓函
中共怀来县委书记　贾　兵

前言
Foreword

　　中国葡萄酒产业经过70多年的发展，已经成为了世界葡萄酒大家庭中重要的一员。据国际葡萄与葡萄酒组织（OIV）统计，中国的葡萄种植面积已经连续多年位居全球第二，葡萄酒产量跻身前十，葡萄酒消费量排名第五。在中国葡萄酒产业由小到大、由弱变强的成长过程中，有无数的事件和人物值得铭记。怀来葡萄酒，便是中国葡萄酒产业从传统走向现代的一个缩影。

　　《中国怀来与葡萄酒》力求从客观、全面的角度来记录当地葡萄与葡萄酒产业成长与发展的历史，以怀来为案例，展示中国葡萄酒产业如何探索前行，如何从丰富的世界葡萄酒文化中汲取营养，又如何发挥现有的资源优势，打造独有的葡萄酒产区特色。

　　本书分为三篇：第一篇讲述怀来的地理地貌、人文历史及葡萄酒产业发展历程，凸显出省、市、县三级政府在推动葡萄酒产业发展中所发挥的重要作用；第二篇介绍怀来的风土资源，通过详细的数据分析与国内外专家的客观评价，阐述怀来葡萄与葡萄酒产业的自然优势及葡萄酒产品的特有风格；第三篇展示当地酒类企业及从业者的风采，展示当地政府及管理部门充分利用京津冀区域经济一体化及国际葡萄酒行业格局的新趋势，如何审视和布局怀来葡萄酒产业，全力打造国际一流的葡萄酒产区。

　　由于写作时间仓促及编委会成员个人水平的原因，本书在历史事件的叙述等方面可能有些遗漏，对某些事件的描述评价可能也有不够尽善尽美之处，敬请指正。

本书编委会

2022-4

目录
Contents

引子

　　1949年以来，怀来葡萄产业发展得到了各级党委、政府和社会各界的关心支持，向着做大做强的目标一步步迈进。特别是省委、省政府和市委、市政府站在坚决贯彻落实习近平生态文明思想、全面建成小康社会、积极融入京津冀协同发展、举办高水平2022年冬奥会的高度，为怀来葡萄产业发展做出了有力指导、给予了鼎力支持、提供了全力帮助，在推动怀来成为"现代化葡萄酒产区管理的践行者"上发挥了巨大作用。

　　2018年10月11日，河北省委书记王东峰、省长许勤、副书记赵一德到怀来产区进行调研，并做出重要批示和指示。王东峰书记指出，怀来拥有良好的区位优势、自然优势、生态优势，下一步重点就是要培养壮大产业优势，做好科学规划，做大产业规模，推动三产融合，努力把葡萄产业做大做强，做成国际品牌。

河北省委书记、省人大常委会主任王东峰在怀来调研葡萄酒产业

　　按照省领导指示精神，怀来县委、县政府认真学习、反复研究，结合工作实际，连续出台多个促进和支持葡萄产业发展的政策文件，并启动新一轮全县葡萄产业三年发展规划工作，拉开了怀来产区葡萄酒产业发展的新篇章。

　　2020年1月15日，王东峰书记再次到怀来调研，对葡萄酒产业发展提出"十点意见"，其中就包含"编好一本书"，要求怀来县聘请世界知名人士对标法国波尔多产区，对怀来的自然风土、葡萄种植、产业品牌等内容进行编撰，为推动怀来葡萄产业迈向国际化舞台、提升国际知名度和影响力指明了方向。

　　此书的编撰工作就是在这样的背景下展开的。

第一篇

怀来
中国葡萄酒扛旗者

怀来产区拥有一切在中国和世界葡萄酒板块上脱颖而出的先决条件和优势：独特的历史文化遗产，位于优越的地理位置，先进的酿造技术设施和当地政府的大力支持。怀来产区是中国葡萄酒酿造文化遗产的守护人，怀来，中国葡萄酒行业的旗手！

——卜度安·哈佛先生（Baudouin Havaux）
布鲁塞尔国际酒类大奖赛（CMB）主席

第一章

怀来概况

一、优越的地理环境与区位优势

若用一句话来描述怀来，那一定是"天时、地利、人和"。

怀来有着与生俱来的"地利"。地处河北省西北部、张家口市东南部的怀来，与北京市的延庆区、昌平区、门头沟区接壤，县城城区距北京二环德胜门仅100千米。辖17个乡镇、279个行政村，总人口36.7万人，总面积1801平方千米。

燕山和太行山余脉从南北环抱着怀来，呈两山夹一川之势；桑干河、洋河在其境内汇流为永定河，流入中华人民共和国成立时修建的第一座大型水库——官厅水库，这也是首都北京的重要水源地。

2000年以来，怀来先后实施了京津风沙源治理工程等一批国家、河北省级重点生态项目，投入近30亿元，共完成造林绿化任务160余万亩（1亩≈666.7m²，余同）。目前全县林木绿化率达到60%，县城绿化覆盖率达到44.3%、绿地率达到36%、人均公共绿地达到12平方米。2013年，怀来被住建部命名为"国家园林县城"。

在这座生态水城之中，葡萄无疑是百万亩绿荫之中最为芬芳的存在。怀来是全国第一个葡萄种植标准化示范县，是中国葡萄之城"模范生"。全县葡萄种植面积12万亩。"种而优则酿"，怀来还是全国县级最大的酿酒葡萄种植加工基地。目前共有葡萄酒生产企业41家，年葡萄酒生产能力15万吨。"沙城葡萄酒"已经成为了国家地理标志产品，产量占全国1/10。

量的累计，为怀来葡萄产业的发展带来质的飞跃。中华人民共和国第一瓶

"中国葡萄之乡"挂牌

新工艺干白葡萄酒诞生于怀来；而位于怀来境内的长城五星及桑干酒庄葡萄酒则多次作为中国葡萄酒代表闪耀于国宴之上。

　　怀来有一颗英雄之心。中华人民共和国成立前，怀来籍全国著名战斗英雄董存瑞舍身炸碉堡壮烈牺牲；中华人民共和国成立伊始，为修建官厅水库，迁走了当时全县近1/4的人口，放弃了全县近1/4的良田，淹没了具有1200多年历史的怀来古县城。在全面建设小康社会、加快京津冀协同发展过程中，怀来县先后关闭了钢铁、煤炭、化工、建材等50多家企业及上百家煤炭物流企业，年减少工业产值20多亿元。历史在关键时刻选择了怀来，怀来也举全域的"人和"之力，顺应"天时"。

　　古今历史交相辉映在此，成就了文化之城怀来。公元前，黄帝与炎帝在阪泉大战，古战场就在距今天的怀来县沙城镇不足15千米的地方。到了秦代，怀来是上谷郡郡治所在地。唐代武则天垂拱元年（公元685年）怀来城始建。1200多年的建城史，留下一座鸡鸣驿古城，这座始建于元代（公元1219年），扩建于明永乐十八年（公元1420年）的古驿站是目前国内现存规模最大、功能最齐全、保存最完好的古代驿站。

　　驿站的快马踏过历史的尘埃，留下沧桑的背影。怀古思今，怀来为现代文学孕育着生机。现代女作家丁玲于中华人民共和国成立前夕以在怀来辛庄子、涿鹿温泉屯一带的生活经历为素材，创作了反映中国农村伟大变革的长篇小说——《太阳照在桑干河上》。

官厅水库一角

近年来，怀来坚定走"生态第一、创新引领、跨越赶超"的新路，加快构建"一湖三圈"县域空间布局，着力打造以新一代信息技术为核心的高新技术产业集群和以葡萄、温泉为核心的文旅康养产业集群，全力打造协同发展"微中心"、首都最优水源涵养区、绿色产业发展样板区和城乡统筹发展示范区，全地区社会经济健康发展。

桑洋河畔葡萄基地

二、久远的历史人文

怀来的历史是一部南北方民族不断融合的历史。

原始社会末期，北方部落频繁活动于此，为南北方民族相互融合打开了大门。舜设十二州，怀来属冀州。紧接着，有着"北门锁钥"之称的怀来，便随着朝代的更迭而起起落落。辽太祖时（公元916年）始有"怀来县"之称。金代改称妫川县；元代复称怀来县，为蒙古军队淘金放马之地。

明初改怀来县为怀来卫，建直隶后军都督府，迁山西、山东、湖广等地无田者数万于直隶，古家窑、头堡、上八里等40余村源于此时，明永乐十六年（公元1418年）建鸡鸣驿城。康熙三十二年（公元1693年）又改为怀来县，沿称至今，康熙皇帝平定噶尔丹叛乱，六次驻跸怀来城外行宫，沙城白酒闻名此时，康熙亲赐名"沙酒"。1948年底怀来全境解放。

怀来城始建于唐代，武则天垂拱年间（公元685—688年）在此设清夷军城，为妫州治所在地，是著名的军事要塞。1951年，因修建官厅水库，这座1200多年的历史名城永远地湮没于水中。怀来县城迁到沙城镇至今。

怀来从建县以来，曾有过沮阳、怀戎、怀来三个县名，县名的来历考证如下。

（一）沮阳

最早见于《汉书·地理志》，从秦一直沿用至南北朝。沮阳县名以沮阳城名而来。沮阳城在战国时期的燕国称为造阳，秦时衍化为沮阳。沮阳得名无史料佐证。按推断之说，一是"造阳"衍生为"沮阳"；二是因水得名。虽考证不出城南有沮水，但确有一河名为浴水。《康熙字典》称其为"涓涓小流"，阳为山南水北，故后一说更为贴切。

（二）怀戎

始见于北齐，其由来历史书中未做诠释。但据《辞海》释义，"怀"有安抚之意；"戎"是中原人对西北少数民族的泛称。北齐前，怀来故地曾因战乱有百多年失去建置。以"怀戎"命名，有"安抚少数民族，消除敌对"之意。此名一直沿用至辽。

（三）怀来

据《辽书·地理志》记载：太祖改怀戎为怀来。去掉轻视少数民族的"戎"字，换"来"字。"来"有使之来，使臣服、归顺之意。金明昌六年，怀来县曾改名妫川县，以境内的妫水河地貌取名。至元代又复称怀来县，沿用至今。

三、悠久的葡萄栽培历史

怀来的葡萄栽培历史与怀来城的历史一样悠长，从史料记载和考古发现证明，已有上千年历史。据《宣化府志》记载：怀来地区葡萄是宫廷贡品；在明清时期，怀来地区的白牛奶和龙眼葡萄被定为宫廷贡品。而中华人民共和国成立后，桑园乡暖泉村的白牛奶葡萄则被特定为国宴佳品。

有很多史料的记载和文物调查都可以用来佐证怀来地区的葡萄栽培历史。

成书于清康熙五十一年（1712年）的《怀来县志》物产篇果类中所记，怀来种有红、白两种葡萄，可见在300年前的怀来已种植葡萄，并颇具规模。

怀来本地种植的龙眼葡萄

据《元史·耶律楚材传》记载：元太宗时（1229年）中贵可思不花奏采金银役夫及种田西域与栽葡萄户。帝令于西京宣德（即今宣化），徙万余户充之……元太宗一次下令迁出一万多葡萄专业户到西域去，可见在800多年前的宣化葡萄种植已经非常普遍，而且是人口众多的富庶之地。宣化为府，怀来地区属宣化府。

金人刘迎在《上谷》一诗中写道："桑麻数百里，烟火几万户""蒲萄秋倒架，芍药春满树"。金代上谷郡农业发达，葡园繁茂，欣欣向荣的景象由此可见一斑。怀来正是上谷郡郡治所在地。刘迎卒于1180年，说明840年前怀来已有葡萄栽培。

1993年由河北文物研究所和张家口市宣化区文保所联合发掘的"下八里辽代壁画墓群"墓主人张世卿、张世本、张文藻、张匡正祭品中都存有已干枯的葡萄种子。后送交中国科学院植物研究所鉴定，属于欧亚种群葡萄，这是迄今为止国内发现的唯一一例近千年的葡萄实例，说明在辽代宣化葡萄已被"张家世族"所享用。张世卿为辽代银青崇禄大夫、检校国子监兼监察御史，卒于天庆六年（1116年），可见这一产区的葡萄栽培历史在900年以上。

经考证，宣化葡萄最早引种栽培时间应为唐代宗年间（公元762—779年），唐代建武州城（宣化城），武军刺史刘怦，军驻武州，因无战事，在武州附近组织军民垦荒造田，营造园林，种植栗果，军中官兵由长安、洛阳招募而来，他们从当时中原引进葡萄、瓜果在军中和寺庙里试种，距今已有1200多年的栽培历史。

日本山梨县有一种称为"善光寺"的葡萄，实际就是我国的龙眼葡萄，日本专家称此种是1200年前从中国北京附近引种得来。据分析当时北京附近只有怀涿盆地和宣化栽种葡萄，因此推断怀来葡萄栽培历史有千年以上，是我国古老的葡萄产区。

—————————— 实物考证 ——————————

1. 涿鹿"葡萄王"

涿鹿"葡萄王"位于涿鹿县温泉屯镇外虎沟村，品种为龙眼，2007年中国农学会葡萄分会原会长罗国光先生到此考察，确定其为当地栽培时间最长久的单株，2008年经林业部门检测。该株葡萄株龄316年，为国家二级古树。"葡萄王"最粗树径19厘米，株长28.17米，占地120平方米，被罗国光先生亲笔提名为"葡萄王"。该"葡萄王"现在仍然生长茂盛，单株结果达400穗。为了保护古树，采取了限产措施，产量控制在100千克上下。

2. 宣化"京西第一藤"葡萄

宣化"京西第一藤"葡萄位于宣化区春光乡官后街李广荣家园内，位于联合国农业文化遗产核心保护区，品种为牛奶，据年过八旬的李广荣老先生回忆，"京西第一藤"是他爷爷留下来的，可见此老藤有百年以上的历史，栽培方式为传统的漏斗架，该架葡萄架面直径15.5米，架梢高2.7米，架内放射主蔓15株，主蔓长5.68米，老蔓粗72厘米，占地0.28亩，常年平均产量500千克。

据《怀来县志》记载，1938年日本人樱井安藏在沙城开办沙城葡萄酒公司并首次酿制葡萄酒。但中华民国后期，由于战事屡起，生产日趋没落，后停办。另据史料记载，樱井安藏，男，日本京都市人，到沙城后按照日本政府的统一安排办起了葡萄酒厂，任经理兼酿酒技师。1941年秋季在葡萄收获季节正式开业，开始酿造葡萄酒，先后投资28万日元，共酿造葡萄原酒35万千克，蒸馏白兰地原酒2.5万千克。经营至日本投降，撤退前奉命将工厂完整地交给了国民党接收人员，全部资产总值为540万元。

四、独特的葡萄与葡萄酒产业地位

地理优势以及深厚的历史与人文底蕴，成就怀来独特的葡萄与葡萄酒产业地位。

（一）怀来是我国优质葡萄产区

大自然是眷顾怀来的，这里地处北纬40°世界葡萄种植的黄金地带，位于桑洋河盆地的最东段。根据农业部《全国葡萄优势产区规划》划分，怀来盆地是我国优势葡萄产区的最东端。

这里拥有优质鲜食、酿酒葡萄生长的所有条件：四季分明、光照充足、有效积温高、昼夜温差大、降雨量少，所产的葡萄糖和酸均高。风土润泽，让怀来成为优质鲜食、酿酒葡萄种植产区，也是生产干型酒、起泡酒、白兰地的理想产地。

（二）怀来是我国最早建设的葡萄酒基地

除了大自然的眷顾，国家相关部委也对怀来倾注了关怀。1973年，当时的中华人民共和国中央人民政府轻工业部（以下简称"轻工业部"）、农业部等部委组织专家对怀来盆地进行考察，全面分析了怀来产区的气候、土壤条件，得出怀来是优质葡萄产区的结论。之后引进酿酒葡萄新品种，发展葡萄基地，建设了中国长城葡萄酒公司。怀来，见证和亲历了我国葡萄酒产业发展走上快车道的历程。

（三）怀来是中法葡萄种植及酿酒示范项目的诞生地

1999年9月17日法国巴黎，随着中法两国农业部的正式签约，中法葡萄农场正式落户怀来盆地，项目的成功实施，推动了中国优质葡萄酒的发展。

（四）怀来是中国农学会葡萄分会的诞生地

在几代人的努力下，1994年9月12日，近300名葡萄科技工作者云集怀来，选举产生了第一届理事会，中国农学会葡萄分会在怀来诞生，从此，我国葡萄工作者有了自己的组织，结束了各自为政的历史，掀开中国葡萄发展的新一页，为我

热烈欢迎法国农业部考察团莅临怀来

BIENVENUE A LA MISSION DU MINISTERE FRANCAIS DE L'AGRICULTURE A HUAILAI

1998年8月，法国农渔业部怀来考察团合影

国葡萄产业的健康发展提供了有力的科技支撑。

（五）怀来是我国葡萄酒认证的原产地之一

怀来是一个古老的葡萄产区，是白牛奶、龙眼葡萄的原产地，2002年怀来组织了葡萄原产地申报，2004年获得国家地理标志产品认证，成为我国首批获批国家地理标志产品认证的地区，实现了对原产地葡萄酒和古老品种的保护，助推了怀来葡萄产业的发展。

（六）怀来是我国原产地葡萄品种的适宜生长地

经过长期的栽培驯化，怀来已成为原产我国的白牛奶、龙眼葡萄的最适生长地，并成为我国白牛奶、龙眼葡萄的最大产区，为我国葡萄产业的发展做出了特殊贡献。

（七）怀来是我国最早建设的规模最大的无病毒葡萄新品种生产基地

1990年初，在郑州果树所余旦华老师的帮助下，引进红地球（大红球）、秋黑、瑞必尔、黑大粒、圣诞玫瑰、森田尼无核、早熟红无核、大粒红无核等20多个美国无病毒葡萄新品种，建立了50多亩集试验示范、良种繁育为一体的无病毒葡萄新品种基地，推动了我国良种葡萄的普及和发展，也为中国农学会葡萄分会的成立提供了契机。

（八）怀来是我国第一瓶新工艺干白葡萄酒的诞生地

1979年，当时的轻工业部食品发酵工业科学研究所与沙城酒厂共同完成了轻工业部重点项目"干白葡萄酒新工艺的研究"，研制生产出中国第一瓶符合国际标准的干白葡萄酒，标志着中国干型白葡萄酒的诞生。同年8月，在全国第三届评酒会上，干白葡萄酒被评为国家名酒。

长城桑干酒庄

（九）怀来是中国两大葡萄酒杰出品牌所在地

怀来不仅是中国著名葡萄酒品牌"长城"与"桑干"的诞生地，更为两大品牌的成长及发展提供了肥沃的土壤及广阔的天地。中国长城葡萄酒公司及中粮长城桑干酒庄引领当地产业及全国的葡萄酒产业不断创新，成为国内葡萄酒品牌的引领者。

参考文献 ————————————

1. 怀来县人民政府网http://www.huailai.gov.cn/channel/1/index.html
2. 怀来县地方志编纂委员会. 怀来县志[M]. 北京：中国对外翻译出版公司，2001.
3. 刘俊，李敬川，李慧勇. 怀来葡萄产业的历史回顾、现状分析及发展建议[C]. 怀来县葡萄产业发展报告汇编，2014.

第二章

怀来葡萄酒产业发展历史

　　70年的时间，在国家宏观政策指导下，怀来县历届党委政府积极响应河北省、张家口市号召，充分发挥本地自然及人文优势，大力发展葡萄及葡萄酒产业。怀来的葡萄及葡萄酒产业经历了从无到有、从小到大的过程，成为全国最有影响力的葡萄与葡萄酒产区之一。与之一同成长起来的，还有"长城""桑干""中法庄园""马丁""紫晶"等深耕于怀来、闻名于国内外的知名葡萄酒品牌。

马丁庄园一角

中法庄园一角

　　纵观怀来葡萄酒产业70年发展历程，可以分为3个不同时期。

　　1949—1978年为起步阶段。这段时间以鲜食葡萄栽培为主，葡萄酒的生产以沙城酒厂为主。至20世纪70年代中期，怀来地区自然资源优势和优越的葡萄资源逐渐引起世人的关注。

　　1979—1999年为稳步发展阶段。在这个阶段，中国第一瓶符合国际标准的干白葡萄酒在怀来诞生，轻工业部"干白葡萄酒新工艺研究项目"获得成功。中国长城葡萄酒带动了本地葡萄栽培、酿酒、科研的发展，成为怀来乃至全国的名牌企业。

干白葡萄酒新工艺研究人员合影

2000—2020年为产业升级阶段，县委、县政府加大对葡萄及葡萄酒产业的发展力度，并出台了一系列政策法规及扶持措施，为产区的标准化建设及"三产融合"做出有益的探索，走在了全国的前列，怀来一跃成为全国最具影响力的产区之一。

一、发现怀来（1949—1978年）

从中华人民共和国成立到20世纪70年代末的30年间，受多种因素的影响，葡萄种植面积增长缓慢，葡萄品种也比较单一，龙眼和白牛奶两个品种广泛种植。同时，由于管理水平低导致葡萄产量也偏低。沙城酒厂是这个时期的"一枝独秀"。在当地县、区两级政府及生产企业的积极努力下，沙城葡萄酒从默默无闻到一举成名，成为全国最早以产地闻名的葡萄酒品牌。

（一）艰难起步

1949年，怀来县人民政府在接收原玉成明、德义永、聚兴隆、永德泉、晋泰昌和当铺等六家私人烧酒缸房的基础上，成立了"华北第四十六公营酒厂"，1950年6月更名为"沙城酒厂"。当时只生产白酒和配制酒（煮酒）。沙城酒厂的"红花煮酒""玫瑰煮酒""桂花煮酒""老龙潭补酒""活络酒"等品种出口各国，成为了一代人心中的美好记忆。

怀来产区早期果酒产品

中华人民共和国成立初期，我国就已经把葡萄酒的生产列入出口创汇的重要产品及重点扶持的轻工产业。1953年的全国科技会议上提出了"限制高度酒，提倡低度酒；压缩粮食酒，发展葡萄酒"的酿酒方针；接下来，在全国第一届酿酒会议上（1955年11月，唐山），提出的1956年酿酒工业的方针与任务之一就是要逐渐利用薯类、果品等代替稻、麦、杂粮酿酒，在保证并逐步提高质量的前提下，提高出酒率，节约粮食。1956年，毛主席在给张裕酿酒公司的批示中写道："大力发展葡萄和葡萄酒生产，让人民多喝一点葡萄酒。"

酿造葡萄酒在此时不仅可以节约粮食，还意味着能出口换回粮食。

时间来到了困难时期的1959年。粮食供应更加紧张，加之国家提倡不用粮食酿酒，沙城酒厂便开始着手兴建葡萄酒车间，准备用当地葡萄酿制葡萄酒。1960年3月19日，张家口市人民委员会做出《关于沙城酒厂葡萄酒车间投资的批复》，同意新建年产200吨葡萄酒车间一座，投资7万元。其中，市工业局自筹5万元，企业自筹2万元，主要项目有发酵区730平方米，发酵池400立方米。

1960年国庆节前，沙城酒厂年产3000吨葡萄酒车间建成投产，选用来自怀来县暖泉公社河沙营、暖泉以及涿鹿和阳原县等地的龙眼葡萄，用来生产红、白、甜葡萄酒（果露酒）。从此，怀来的葡萄酒产业正式起步。

（二）发现怀来

"时事造就英雄"，沙城酒厂能够在1960年建成葡萄酒车间并投产，不是偶然，而是顺应时势的必然，它凝聚着中国葡萄酒行业发展的缩影。中华人民共和

13

国成立后的20多年，也可以说是中国葡萄酒行业蓄势待发的20多年。在时代的洪流中，从葡萄品种引进到酿造工艺的提升都在经历着重大变革。

仅在1951—1966年，我国从东欧各国和苏联引种约有33批次，共引入1000多个品种，在长江以北各省、市、自治区种植，形成葡萄引种、科研与生产的第一个高潮。

1959—1965年，当时的轻工业部发酵工业科学研究所（现为中国食品发酵工业研究院）、中国科学院植物研究所北京植物园和中国农业科学院果树研究所三个单位联合，开始酿酒葡萄选育的研究工作。1965年3月，对第一批实验成果进行了鉴定。从北京、兴城两地栽培的酿酒品种中遴选出16个（其中3个重复品种）优良品种。红葡萄品种：黑品乐、法国兰、晚红蜜、北醇、北红、北玫、塞必尔2002号；白葡萄品种：李将军、贵人香、白皮诺、白羽、巴娜蒂、白雅、新玫瑰、白马拉加和底拉洼。50多年过去了，其中的黑品乐、晚红蜜、法国兰、北醇、白羽、贵人香、白雅7个品种在生产中发挥了重要作用。用它们酿成的酒成为品质优良且广受喜爱的葡萄酒。时间的成果印证了半个多世纪前的选择。

果农采摘龙眼葡萄

在酿酒工艺方面，我们的技术人员也进行了多次尝试，做了大量实验。比如通过采取"防止葡萄酒氧化""降低酒中铁含量""用冷冻法处理葡萄酒""使用离子交换法"等技术，在不影响风味的前提下，延长装瓶后的保存期，使葡萄酒质量水平大大提高；再比如在1973—1978年，由轻工业部发酵工业科学研究所、北京葡萄酒厂、张裕酿酒公司等单位参加实施的科技发展规划中的重要科研项目"优质白兰地与威士忌的研究",从原料的选种、发酵、蒸馏、老熟、分析五个方面进行系统研究并剖析了国外对比样品,经过四年半时间的研究,开拓了相关的技术认识,更进一步调研了我国资源状况。

20多年时间,一点一滴量的累积,让中国葡萄酒行业羽翼逐渐丰满,达到了质变的临界点。此时,需要一个合适的产区和企业,去充分地展现它日益强大的风貌。

1974年,对于怀来葡萄酒产业而言的关键词是"发现"。

这一年7月,中国农业科学院果树试验站费开伟和河北省农科院昌黎果树所施安华等在张家口林业局吕湛陪同下对张家口地区主要葡萄产区进行了调查。在"张家口地区葡萄生产情况调查报告"中,怀来的葡萄产业优势首次得到了肯定。随之而来的是,受益于原对外经济贸易部粮油进出口公司计划出口葡萄酒的契机,分管酒类工作的时化果杂处处长孙绍金邀请北京植物研究所、中国农业科学院、西城区葡萄酒厂、轻工业部酿造处、粮油进出口公司等十余人到张家口参观。在参观完沙城酒厂之后,组织了一次会议。孙绍金在请大家品尝完葡萄酒样之后,表明要发展葡萄原料,继而在张家口发展葡萄酒。

当年12月,"全国葡萄酒和酿酒葡萄品种研究技术协作会议"在烟台召开,这是我国葡萄酿酒和葡萄栽培技术协作合并的开始,也是中国葡萄酒历史上承前启后的一个重要节点。这次会议肯定了发展葡萄和葡萄酒生产具有经济意义和重要的政治意义。为了进一步开展行业大协作,"全国葡萄栽培和葡萄酿酒研究技

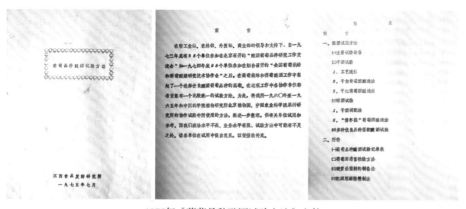

1975年《葡萄品种酿酒试验方法》文件

术协作组"应运而生。全国协作组下设六个地区协作组，其中，华北区包括北京、天津、河北、内蒙古和辽西地区。北京葡萄酒厂为组长，沙城酒厂等三家单位为副组长。在"优良酿酒品种的区域酿酒试验"的协作分工中，张家口地区的涿鹿果树场、沙城酒厂和涿鹿酒厂也被列入其中。本次会议上，中国农业科学院果树研究所（兴城）和河北果树所分工调查了沙城和涿鹿地区，提出了一篇有益的报告，其中介绍了桑洋盆地温暖半干旱地区（指沙城和涿鹿）发展葡萄的有利条件。沙城产区（怀来产区）再一次被发现、被重视。

1975年9月底的"华北地区葡萄酿酒葡萄栽培技术协作会"上，张家口地区葡萄生产情况报告让与会的当时的张家口地委书记、地区专员备感振奋。在会议结束的当晚即要求轻工业部食品局、食品发酵工业科学研究所、外贸部粮油食品进出口总公司有关同志到沙城酒厂，研究如何发挥该地区的优势，把葡萄酒搞上去。至此，沙城酒厂发展葡萄酒有了一个良好的开端，沙城产区也成为全国葡萄酒行业关注的焦点。

1975年，张家口地区副业办公室、林业局、商业局、外贸局和轻工业局联合完成发展葡萄酒出口商品基地报告。1976年11月，张家口地区确定怀来暖泉公社5个村以及涿鹿温泉屯等列为单项葡萄生产基地。

（三）葡萄酒科研方面的重大突破

1976年是值得铭记的一年。这一年，被认为改变了葡萄酒世界格局的"巴黎审判"在法国巴黎举行。而远在东方的中国则诞生了第一瓶干白葡萄酒。

"华北地区葡萄酿酒葡萄栽培技术协作会"后，基于葡萄酒在国际酒类销售

银装素裹的怀来葡萄园

总量中占首位；干型酒，特别是干白葡萄酒在葡萄酒中又占有很大比例这一世界葡萄酒现状的研判，相关部门要求沙城酒厂对上述会议中提出的有关葡萄酒试验给予大力支持，同时解决了葡萄酒生产方面的急需物资，并在技术方面提出了建设性意见，委派郭其昌先生负责具体的技术指导并就地解决问题。

1976年5月初，郭其昌先生在沙城酒厂果酒车间，对沙城酒厂的所有存酒（100余个容器）进行了感官鉴定，将其分为优、好、中、次四个等级，并安排后加工工艺处理方法，之后又多次亲临现场指导。1976年末，首批干白葡萄酒在众人的期待中横空出世。

1977年6～8月，轻工业部组织"葡萄酿酒和葡萄栽培调查小组"，小组成员有江西食品发酵研究所郭其昌、山东葡萄试验站刘长恩、中国科学院北京植物研究所北京植物园黎盛臣、民权葡萄酒厂李怀堂、中国粮油食品总公司糖杂处邓炳元。期间，该调查组在张家口地区调查葡萄栽培和葡萄酿酒情况。郭其昌先生还受张家口地区的邀请，对当地的葡萄酒产业提出了诸多有益的建议，包括参与张家口地区酿酒葡萄发展规划。

1977年5月，沙城酒厂万吨葡萄酒车间破土动工。1978年秋季，部分车间投产使用，1983年3月26日全部完工。1977年6月，郭其昌对沙城酒厂果酒车间原酒进行了感官鉴定，并安排后加工处理方案。1978年，沙城酒厂首次出口干白葡萄酒90箱，1979年达到7739箱，1980年中国商品出口交易会（春交会）上成交3250箱。

为了生产适销对路的出口产品换取外汇，在葡萄酒生产方面闯出一条新路。1978年下半年轻工业部将"干白葡萄酒新工艺的研究"列为轻工业重点科研项目，确定轻工业部食品发酵工业科学研究所为负责单位，和沙城酒厂共同完成，由郭其昌担任项目负责人。1978年8月5日，"干白葡萄酒新工艺的研究"研究组成立。青岛葡萄酒厂、民权葡萄酒厂、萧县葡萄酒厂和涿鹿酒厂各派一位技术人员，结合沙城酒厂3位技术人员作为骨干，连同从沙城酒厂里选出的20位技术工人组成了科研组，开始在沙城酒厂进行研究工作。研究人员首先搜集了国外干白葡萄酒先进的生产工艺资料，与我国的情况做了对比，并围绕生产工艺、原料、设备等方面存在的问题进行了全面系统的研究，完成了各项专题任务——吸取行业的国际技术和经验，因地制宜，寻找到解决中国葡萄酒行业难题的方案。对于全行业而言，这是一次自我突破和提升。

二、独领风骚（1979—1999年）

（一）酿酒葡萄品种选育及酿造工艺对行业的巨大推动

1979年，随着轻工业部食品发酵工业科学研究所与沙城酒厂共同完成了轻工业部重点项目"干白葡萄酒新工艺的研究"，中国第一瓶符合国际标准的干白葡萄酒生产出来了。从此，中国干型白葡萄酒正式诞生。

在随之而来的全国第三届评酒会上，干白葡萄酒被评为国家名酒，半甜葡萄酒被评为"国家优质酒"。1979年8月，干白葡萄酒获得中华人民共和国质量金质奖章（国家经济委员会，简称国家经委颁发）。

历经30年的发展，中国葡萄酒行业的这一重大突破，带动了中国葡萄酒的出口，也从多个层面推动了葡萄酒产业的发展。

1979年4月19日，"酿酒葡萄优良品种选育座谈会"由轻工业部食品发酵工业科学研究所主持，在沙城酒厂召开。

轻工业部科研司、轻工业部科学研究院、河北省第一轻工业局等部门领导给予极大的重视并派人参加指导。参加这次座谈会的有这一项目的承担和协作单位——中国科学院北京植物园、山东葡萄试验站、沙城酒厂、青岛葡萄酒厂等单位。与会各厂都非常重视发展优良酿酒品种，特别是烟台葡萄酒公司恢复发展了国际酿酒名种。

在干红、干白葡萄酒和起泡葡萄酒酿制新工艺方面，轻工业部食品发酵所、沙城酒厂和河北省轻工业研究所在研究葡萄酒分等分级时选出适宜出口的原酒，

第三届全国评酒会（1979）"全国名酒"——
沙城白葡萄酒（干）

第三届全国评酒会（1979）"全国优质酒"——
沙城白葡萄酒（半干）

使出口酒的质量有所提高，已开始成批出口。在此基础上，进一步进行了干白葡萄酒新工艺的研究，同时培训了一批技术人才。

（二）建立国际名贵葡萄品种母本园，开创中国葡萄酒业先河

1979年夏天，轻工业部食品发酵工业科学研究所提出引入的葡萄品种名单，在中国粮油食品进出口公司的共同努力下，沙城酒厂与美国施格兰公司（Seagram Co.）签订了引入国际名种13个、葡萄苗木5400株的合同，并于1980年3月底空运至北京转沙城定植。同时邀请了北京植物园专业人员予以技术指导。1980年自联邦德国、美国引入13个国际酿酒葡萄名种在河北沙城试栽，后期进行酿酒试验，其中8个白品种中有7个在国内尚未进行过鉴定，即白雷司令、霞多丽、长相思、米勒、琼瑶浆、赛美蓉、白诗南，它们在沙城都有较好的栽培性状和优良的酒质。这7个酿酒名种葡萄已在沙城扩大种植面积，今后进行单一品种酿造和适当勾兑，可生产出优良品质酒，将增加出口葡萄酒的品种和出口量，在国际葡萄酒贸易中逐步具有竞争能力，提高收汇效益，以换取更多的外汇，支援祖国建设。

（三）中国长城葡萄酒有限公司是怀来葡萄酒的一面旗帜

1983年经外贸部批准，由张家口地区长城酿酒公司（原沙城酒厂），中国粮油食品进出口总公司和香港远大公司三家合资成立"中国长城葡萄酒有限公司"（以下简称"长城公司"）。公司拥有当时国际一流的葡萄酒酿造设备、全自动灌装生产线各一套，成为国内首家生产葡萄酒最具规模、最现代化的生产厂家。耕种于怀来，长城公司也以自己的发展优势回报怀来，在科技、管理、品牌形象等方面为怀来产区的健康发展做出巨大贡献。

长城干白葡萄酒填补了国内空白，"干白葡萄酒新工艺研究项目"1986年获得国家科技进步二等奖，轻工科技进步一等奖。1990年，由长城公司独立承担的国家"七五"星火计划项目"香槟法起泡葡萄酒生产技术开发"获得成功并荣获轻工科技进步三等奖，从此诞生了中国传统法起泡葡萄酒，又一次填补国内空白。这两项科研成果的问世和推广，无疑增进了葡萄酒行业的信心，也推动中国葡萄酒业走上健康发展的道路。

1994年中国长城葡萄酒有限公司建成具有国际水平的葡萄酒科技中心，1995

年该中心被河北省经济贸易委员会（经贸委）认定为"省级企业技术中心"，1997年被河北省轻工业厅认定为"河北省葡萄酒技术开发中心"。1995年6月，公司又一项成果"葡萄酒泥处理新技术及产品"获河北省科技进步三等奖。

从1988年起，公司连续10年被认证为"外商投资先进技术企业"。在十多年中，团结拼搏、科技进步始终是长城公司发展的强劲推动力。

桑干酒庄葡萄酒博物馆

中国长城葡萄酒有限公司于1992年起进行了第一次技术改造，实现了年生产能力由3000吨增加到6000吨的技改目标；1995年又进行了第二次技改，即被国家经贸委列入"九五"一期"双加"工程。工程历时两年，投资2088万元，实现了由生产能力6000吨增长到10000吨的目标。该项目被评为河北省"十大发明"项目奖、优秀技改项目奖和国家经贸委授予的优秀技改项目奖。紧接着1997年公司

中国长城葡萄酒有限公司灌装线（拍摄于2011年11月14日）

的第三次扩产技改工程又被列入国家经贸委二期"双加"项目,并被中国轻工总会列为全国轻工行业"九五"期间酒类发展的"四个四"工程和河北省四大名饮工程。该工程总投资为1.98亿元人民币。截至2000年,长城公司二期"双加"工程已基本完成。通过二期"双加"技改工程的实施,公司年综合生产能力已达5万吨。

在自身发展的同时,长城公司也显示了大企业的社会责任担当,注重共同发展,以龙头企业带动当地经济的发展。多年来,公司根据当地独特的自然地理条件,通过投资、技术指导等多种方式改造、开垦荒山,在怀涿盆地发展了10万多亩龙眼葡萄基地,年产优质龙眼葡萄1亿多千克。另外,公司还以资金和技术为纽带建立了8个葡萄发酵站,葡萄基地和葡萄发酵站的建设不仅为公司的发展提供了保证支持,而且带动了地方经济的发展,加快了农业产业化进程。同时,还有效利用了荒地、沙地,开辟了治沙治荒的新路子。

（四）怀来产区的第一个投资高潮

20世纪90年代初怀来产区开始与中国农业大学、河北农业大学、中国农业科学院郑州果树所、北京农学院等科研院所建立合作关系,引进森田尼、乍娜、京早晶、巨峰系列及里扎马特、红地球、美人指等早、中、晚熟葡萄新优品种,在全县范围内进行试验、示范与推广。种植范围扩大到沙城、桑园、东花园、小南辛堡、土木、狼山、北辛堡、东八里、大黄庄等14个乡镇,第一批葡萄酒生产加工企业陆续成立。20世纪90年代初到20世纪末的10年间,随着改革开放和经济的

中国长城葡萄酒有限公司早期的产品酒标

快速发展，怀来县葡萄种植面积和产量大幅增加，鲜食葡萄进行了龙眼葡萄选优、丰产栽培技术、独龙杆改水平棚架栽培等多项研究，科学技术带动了葡萄单产大幅增加。在酿酒葡萄种植方面，由于国家对基地建设的支持，以及长城公司的带动，形成了怀来产区的第一次投资高潮，国际化产业化格局初步形成。

1997年1月，河北马丁葡萄酿酒公司成立，9月26日投产，短短的5个多月就具备了5000吨葡萄原酒的加工能力，与周围的十几个村的农民共同发展了3000亩酿酒葡萄基地。1998年4月，容辰葡萄庄园在河北怀来的官厅湖畔始建，占地3000亩。1998年，瑞云酒庄成立。1999年"中法葡萄种植及酿酒示范农场"落户怀来，将国际上优质的酿酒葡萄品种及种植技术和酿造技术引进到怀来，并随着干红葡萄酒在世界各地的热销，在怀来掀起了新一轮酿酒葡萄基地的发展，怀来开始成规模发展酿酒葡萄。同时标志着中国葡萄酒庄的规范化经营，加快了与世界葡萄酒市场的接轨。

从1999年怀来县成功举办第一届葡萄采摘暨葡萄酒节以来，"以节为媒"做大做强葡萄产业，使葡萄产业在全国乃至世界上知名度越来越高。葡萄种植规模化、基地化、生产与科研及销售一体化的产业格局已经形成。

中国怀来首届葡萄采摘节活动现场

三、产业升级（2000—2020）

（一）产业快速发展阶段（2000—2013）

进入21世纪，中国进一步加大对外开放，国内消费能力逐步增强，葡萄酒的

《"沙城葡萄酒"原产地域产品保护实施办法》

市场容量更加扩大。在这样的社会背景下，怀来的葡萄酒产业与全国一样进入一个快速发展时期。这一时期，政府的主导效应开始显现，怀来葡萄酒局的成立以及《"沙城葡萄酒"原产地域产品保护实施办法》（2004年）的发布，为产区的规范化发展提供了有力保障。

中法农业部长在怀来中法庄园落成揭幕仪式上签约 [左为中国农业部长杜青林，右为法国农渔业部长多米尼克·比索罗（Dominique Bussereau），2006.11.13]

中法庄园自2001年种下第一棵葡萄苗，2003年酿出第一款葡萄酒，即得到国内外业界人士的关注。2003年，中国长城葡萄酒有限公司股权改革，成为中粮集团的全资子公司。由于中法庄园的示范作用，一大批有识之士纷纷到怀来投资建厂。2008年5月20日，怀来紫晶庄园成立。2010年初，迦南投资公司入主中法庄园。怀来龙徽庄园、怀来盛唐葡萄庄园、怀来贵族庄园、怀来百花谷葡萄酒庄园也在此期间先后成立，怀来葡萄酒产业再次呈现出快速发展的大好形势。

2002年，"沙城葡萄酒"成为国家地理标志保护产品。

2007年，怀来成为全国第一个"葡萄种植标准化示范县"。

2010年，怀来县荣获"河北省葡萄酒产业名县"称号。

2012年，怀来县葡萄酒产业明确发展总体思路，首次提出把葡萄酒产业确立为第一产业和立县产业。同年9月，怀来葡萄产业联合会成立，为葡萄酒产业发展提供了组织保障。

2019年，"怀来葡萄"地理标志证明商标成功注册。

（二）产业调整阶段（2014—2020）

中国葡萄酒行业经过2000—2012年的加速发展阶段以后，在2013年进入调整期。2014年和2015年出现短暂回暖后，自2016年起，产量、销售额和利润等主要经济指标出现三连跌，2019年出现了国产葡萄酒与进口葡萄酒的"双降"。随着葡萄酒市场的不断开放，价格低廉的进口葡萄酒对国产葡萄酒市场份额冲击严重，造成酒企销售量大幅下滑，酿酒葡萄收购量逐年下降。同时随着人们消费水平不断提高，消费者对葡萄和葡萄酒品质的追求越来越高，原有的小农户种植模式已经不能满足市场需求。

2013年3月24～26日，怀来紫晶庄园葡萄酒有限公司和怀来贵族庄园葡萄酒
有限公司参加2013年德国杜塞尔多夫国际葡萄酒及烈酒展览会
（Prowein，2013）

为了尽快促使产业转型升级，县委、县政府在葡萄种植、酒庄建设、技术培训、产区推广等各方面出台了一系列扶持政策，同时启动了葡萄酒庄集聚区的建设，推动葡萄产业"三产融合"发展。在高铁道路两侧打造了集示范、研发、旅游和生产于一体的万亩葡萄生态体验园示范项目，在鲜食葡萄种植方面鼓励发展设施葡萄，在酿酒葡萄种植方面鼓励企业流转土地规模标准化种植。

2005年，《怀来县葡萄种植农业标准化示范区建设实施方案》确定怀来产区酿酒葡萄以东花园、小南辛堡、瑞云观、官厅、桑园、土木、狼山等7个乡镇为

葡萄种植园

主要种植区，逐步形成环官厅湖南北两岸及老君山周边的酿酒葡萄种植区。

　　2012年，怀来产区提出葡萄酒产业发展总体思路：高举"绿色发展、和谐发展、率先发展"旗帜，以"打造全国最好的葡萄产区和最优质的葡萄酒"为目标，集全民之智，举全县之力，不断培强壮大龙头企业，扩大优质基地规模，强化产区品牌宣传，完善延伸产业链条，使葡萄酒产业成为怀来县的第一产业和立县产业，把"怀来产区"打造成为中国葡萄酒产业的"波尔多"。

《怀来县葡萄种植农业标准化示范区建设实施方案》

2014年2月19日，怀来县人民政府制定《怀来县推进葡萄和葡萄酒产业上档升级的实施办法》，提出将怀来建设成品种齐全、功能完善、特色鲜明、文化浓厚、具有较高核心竞争力的"中国高档葡萄酒之都"。同年，延庆、怀来两地区提出共同建设国际一流的"延怀河谷"葡萄及葡萄酒产区。

2017年4月17日，《怀来县葡萄酒庄集聚区建设实施方案》出台，提出以"葡萄产业发展圈"为项目区域，以"数量多、建筑美、环境好、功能全、品牌大"为标准，打造中国最大的葡萄酒庄集聚区。2018年，《河北波尔多计划——怀来县葡萄产业高质量发展三年提振实施方案》发布。同年，《怀来县葡萄产业扶持政策（试行）》在用地、投资、配套设施、项目发展、科技创新、人才引进方面明确了相关政策支持。《怀来县酒庄项目（点征用地）规划控制要求》则完善了产区酒庄项目建设规范。2019年，怀来县积极落实河北省人民政府办公厅发布的《关于做强做优葡萄酒产业的实施意见》，以葡萄产业为依托，发展"葡萄酒+"新模式，带动一、二、三产业融合发展。

2020年1月，怀来县委县政府提出了抓好葡萄产业十项重点工作的行动方案，在三产融合、产业规划、教育科研、产区推广、对外交流等方面提出切实可行的落实措施。

与美丽山色共融的葡萄园

继2018年10月至今，河北省委书记王东峰先后四次到怀来县视察调研，就做强做大葡萄产业做出了一系列重要指示，为怀来县打造"中国波尔多3.0"进一步指明了方向，怀来葡萄产业将迎来大发展阶段。

（三）怀来葡萄与葡萄酒产业发展现状

2020年，全县葡萄种植面积12万亩，葡萄年产量13.1万吨，葡萄酒年产能15万吨，葡萄酒年产销量5万吨，葡萄产业总产值20亿元。其中：鲜食葡萄种植面积5.5万亩，产量7.5万吨；酿酒葡萄种植面积6.5万亩，产量3.1万吨。葡萄种植涉及12个乡镇。

全县目前种植的鲜食葡萄品种有368种，主要品种为：乍娜、京秀、京早晶、白玉、矢富罗莎、森田尼无核、里扎马特、巨峰、藤稔、先锋、白牛奶、龙眼、红地球、美人指、克瑞森无核、皇家秋天、意大利（龙眼、玫瑰香为鲜食、酿酒兼用品种，以生产干白葡萄酒为主）。

全县种植的酿造葡萄酒的品种有60余种，主要品种有：赤霞珠、梅鹿辄、品丽珠、蛇龙珠、西拉、马瑟兰、黑比诺、小味儿多、龙眼、霞多丽、白玉霓、白诗南、长相思、琼瑶浆、雷司令、小芒森、维欧尼。

2014—2020年怀来县酿酒与鲜食葡萄面积　　　　单位：万亩

年度	酿酒葡萄	鲜食葡萄	合计
2014	6.9	6.8	13.7
2015	6.3	6.7	13
2016	5.5	6	11.5
2017	5	5	10
2018	5	5	10
2019	5	5	10
2020	6.5	5.5	12

（数据来源：怀来县葡萄酒局）

目前，全县葡萄酒生产企业41家，其中包括"长城""桑干""中法""迦南""龙徽""丰收""紫晶""马丁""容辰""贵族""瑞云""家和""誉龙""叶

浓庄园""龙泉""沙城庄园""红叶""赤霞""福瑞诗""古堡""长城酿造""大好河山""艾伦""利世""怀谷"等。这些企业拥有30个名优品牌、500多款葡萄酒产品，累计获得700多项国内外知名葡萄酒奖项。另外还有3家葡萄酒延伸企业，包括葡缇泉、葡美康葡萄籽深加工企业以及天元玻璃葡萄酒杯生产企业。

参考文献

1. 郭其昌. 中国葡萄酒业五十年[M]. 天津：天津人民出版社，1998.

2. 郭松泉，张春娅，郭月. 本色——中国第一瓶干白葡萄酒诞生记[M]. 北京：光明日报出版社，2020.

3. 康德武. 中国葡萄之乡——怀来[M]. 香港：华夏文化艺术出版社，2008.

4. 孔庆山. 中国葡萄志[M]. 北京：中国农业科技出版社，2004.

5. 兰振民. 张裕公司志[M]. 北京：人民日报出版社，1998.

6. 全国葡萄酒和酿酒葡萄品种研究技术协作会议简况[J]. 食品与发酵工业，1975，8:54-58.

7. 王秋芳. 神州大地葡酒香（上）——葡萄酒光辉的三十五年[J]. 酿酒科技，1984，04:2-6.

8. 赵吉琴，南谏君. 巍巍长城舞雄风——记中国长城葡萄酒有限公司[N]. 人民日报海外版. 2000-03-07（8）.

9. 刘俊，李敬川，李慧勇. 怀来葡萄产业的历史回顾、现状分析及发展建议[C]. 怀来县葡萄产业发展报告汇编，2014.10.

第三章

现代化葡萄酒产区管理的践行者

一、省、市有关产业政策为怀来产区明确方向

在怀来葡萄酒产业的发展中，河北省领导倾注了大量心血。早在20世纪80年代初期，葡萄酒发展以及种植基地建设就被列为国民经济发展计划，并给予重点支持。1985年6月河北省委书记邢崇智到长城公司考察调研，并对干白葡萄酒的发展做了重要指示。20世纪90年代中期，省政府决定将葡萄酒与啤酒等纳入河北省重点发展的四大饮品，将长城公司3万吨干红葡萄酒列为重点建设项目。1997年10月21日，河北省人民政府批准成立"河北省葡萄酒基地规划建设领导小组"。河北省计划委员会、河北省财政厅、河北省农业厅、秦皇岛、张家口、唐山三市政府主管领导为成员，领导小组办公室设在河北省计划委员会。

张家口市委市政府在2009年提出了《关于加快推进葡萄产业发展的意见》（张政【2009】26号），明确了未来五年的发展思路，即坚持"政府引导，市场引领，科技支撑，农民自愿"的原则，以"扩基地，强龙头，树品牌，优结构"为重点，以"基地标准化、产品优质化、品牌市场化、产业规模化"为发展方向，因地制宜，积极推进，稳步扩大基地规模，培育壮大龙头企业，加大品牌培育力度，逐步完善产业链条，进一步优化品种结构，加快提升产品档次，推进葡萄产业做大做强，力争把本市建设成世界一流的葡萄栽培示范区和高档葡萄酒加工区。2013年又提出了《关于扶持推进葡萄产业上档升级的意见》（张政【2013】15号），提出了"稳步推进基地建设、大力推动产业升级、全面做好保障服务"等具体任务及保障措施。

2019年河北省人民政府提出《关于做强做优葡萄酒产业的实施意见》，要求怀来、昌黎等重要产区要充分发挥产区优势、生态优势、市场优势，以葡萄产业为依托，发展"葡萄酒+"新模式，带动一、二、三产业融合发展；以"新特

精"取胜，提升质量创品牌，打造红酒文化产业链和河北"波尔多"，实现葡萄酒产业的高质量发展。提出了发展目标，包括：扩大葡萄种植面积，扩大葡萄酒产量；提升葡萄酒主营业务收入，提升"新特精"葡萄酒比重，提升河北省葡萄酒国际影响力；优化葡萄种植结构，全省葡萄酒产区种植面积达到20万亩以上；提高产能利用率，葡萄酒产量达到20万千升以上；增加"新特精"等中高端葡萄酒供给，葡萄酒产业主营业务收入达到100亿元以上；增强河北葡萄酒品牌影响力，构筑"2511"产业格局，即打造两大优质产区，培育5家龙头企业、10个优质酒庄、10个知名品牌。

2020年4月13日，河北省委书记王东峰继2018年10月11日、2019年5月10日、2020年1月15日后，第四次到怀来县专门就葡萄产业进行视察调研，对进一步做强做大葡萄产业提出了更加具体的要求。

二、县委、县政府的主导作用是推动产区发展的动力

2004年6月，怀来县人民政府发布《"沙城葡萄酒"原产地域产品保护实施办法》，是第一个产区管理的法规，对规范产区发展发挥了重要的作用。

2005年2月，《怀来县葡萄种植农业标准化示范区建设实施方案》提出了全县葡萄种植及发展重点，制定和完善了怀来县葡萄种植技术标准。在《2012年怀来县葡萄酒产业发展工作要点》中怀来县首次把葡萄酒产业作为全县的第一产业和立县产业，目标是把怀来产区打造成为中国最优质的葡萄酒产区。2014年2月《怀来县推进葡萄和葡萄酒产业上档升级的实施办法》出台，其指导思想是：以市场为导向，以资源为依托，以科技为支撑，以骨干企业为龙头，优化葡萄种苗、酿酒专用葡萄、鲜食葡萄、设施葡萄和冰葡萄五大基地布局，提升高端葡萄酒精深加工能力，推广"沙城产区"地域品牌，抢占葡萄产业营销和酒文化制高点，将

小南辛堡镇葡萄园鸟瞰

怀来建设成品种齐全、功能完善、特色鲜明、文化浓厚、具有较高核心竞争力的"中国高档葡萄酒之都"。2017年4月，出台了《怀来县葡萄酒庄集聚区建设实施方案》，提出要抢抓京津冀协同发展、京张携手举办冬奥会、建设国家可再生能源示范区三大机遇，坚定走"生态第一、创新引领、跨越赶超"新路，按照"一园一圈三片区"产业功能区布局，大力推进供给侧结构性改革，加快培育壮大"2+1"绿色主导产业，建立集葡萄种植、酿造加工、休闲旅游为一体的葡萄酒庄集聚区，将怀来县打造成为中国第一、世界知名的国际葡萄和葡萄酒之都。

2018年11月，怀来县委、县政府发布《河北波尔多计划——怀来县葡萄产业高质量发展三年提振实施方案》，方案针对全县葡萄种植面积下滑以及国内市场面临进口葡萄酒强大冲击等行业现状，提出了2019—2021年力争酿酒葡萄种植面积、葡萄酒产销量、葡萄酒庄数量均居全国市县级产区首位的目标。为此，怀来县还制定了《怀来县葡萄产业扶持政策（试行）》（2018年11月2日），其中包括项目原则、前期扶持、用地扶持等具体措施。

扶持措施文件

三、专业管理机构是产业发展的组织保障

2002年，"沙城葡萄酒"获得国家原产地域产品保护。2020年，沙城葡萄酒入选中欧地理标志首批保护清单。这是对沙城葡萄酒品质的认可，也是对果农和生产企业利益的维护。

为更好地贯彻落实国家质量监督检验检疫总局的公告精神，加强对葡萄种植的规范化管理，提高原料质量，建立健全质量保证体系，严格执行原产地域产品保护的规定及标准要求，更好地为果农和葡萄酒生产企业服务，怀来县成立了具有政府管理职能的葡萄酒局。

2003年5月，怀来县葡萄酒局正式挂牌成立，成立之初为怀来县工业和信息化局的二级管理机构。新成立的葡萄酒局开始着手制定本地区葡萄酒生产工艺、质量等级标准，监督控制葡萄种植全过程。

2010年7月，怀来县葡萄酒局成为隶属于怀来县林业局的二级管理机构。其主要职责任务如下：

1. 对全县葡萄种植进行全方位监督、规划及技术服务、新品种引进、示范园建设、新技术试验并推广。

2. 与大专院校、科研院所、国际国内葡萄及葡萄酒组织做好联络工作并开展合作。

3. 做好产区推广工作。

4. 做好招商引资工作。

5. 组织农民葡萄专业合作社开展工作。

6. 做好行业协会管理工作。

7. 负责"沙城葡萄酒"国家地理标志产品保护工作，并组织实施各项管理办法的落实；负责"沙城葡萄酒"国家地理标志产品保护标志使用、申报、印刷发放及管理工作。

8. 负责制定并实施全县葡萄酒产业发展规划，协调解决产业发展中存在的问题。

9. 负责全县葡萄及葡萄酒行业的宏观管理，根据市场需求抓好产业结构调整。

10. 协助各相关部门做好葡萄酒企业技改、新上项目论证、报批工作。

11. 协助各相关部门加强葡萄酒市场监督及食品安全、打假工作。

12. 承办县政府交办的其他事项。

四、科学规划，促进一、二、三产业的融合发展

自2019年8月以来，国家发展和改革委员会产业经济与技术经济研究所研究室等部门的领导专家，以及安永团队、IBM团队、奥美团队等专业团队共同对怀来县葡萄和葡萄酒产业发展方案进行研讨论证。五次葡萄及葡萄酒产业发展国际征集研讨会，是脑力的激荡也是真知灼见的碰撞。与会团队以其国际化视野和专业能力为怀来县葡萄和葡萄酒产业发展出谋划策。

与会专家在点评环节指出，三产融合发展的目标是促进农民共同富裕，全民共享发展红利，为了实现这个目标，在规划产业发展路径上，应进一步加强葡萄和葡萄酒产业与怀来的区位、科技、文旅等优势串联，融入产业链，开放发展的内容。要深入研究相关政策，结合怀来生态红线的约束，为项目落地出实招。要

加强与怀来县委县政府相关部门的沟通，使方案更具规划性，思路路径更加具体化、任务化，便于地方政府的实际操作。

县政府领导肯定了三个团队的方案，在此基础上，要对怀来县委政府的运营体系进行深入研究和了解，使地方政府、行业协会、企业在推进落实中的具体操作更具指导性。同时，要站在世界平台来研究，切中葡萄和葡萄酒产业发展的核心要素，对国际一流产区发展经验进行深度挖掘，结合怀来实际，不断完善方案，为县政府的决策提供依据。

2020年3月，IBM团队的"怀来县葡萄产业三产融合发展规划"、安永团队的"怀来葡萄酒产业提升战略规划"、奥美团队的"怀来县中国波尔多品牌及营销战略咨询——怀来·酿造一杯时光"全部通过了国家发改委宏观经济研究院专家的最终评审。

第四章

怀来葡萄酒大事记

第一阶段：艰难中的起步与发展

1949年　　• 6月，怀来县人民政府在接收了原玉成明、德义永、聚兴隆、永德泉、晋泰昌和当铺6家私人烧酒（包括葡萄酒）缸房的基础上，成立了"华北第四十六公营酒厂"，最初只生产白酒和配制酒（煮酒）。

1950年　　• 6月，"华北第四十六公营酒厂"更名为"沙城酒厂"，沙城酿酒业从此走向新生。

1956年　　• 河北省工业厅提出"恢复地方名牌与土特产品生产"，酿酒业重新恢复了传统的酿酒方法，生产果露酒的设备和人员又从宣化迁回沙城。

1957年　　• 沙城酒厂规模扩大，筹建新厂房，厂址在沙城镇南约1.5千米龙潭水系最深处，即沙城镇榆林屯与五街交界处，当年开工并竣工。以"老龙潭"为注册商标，有念念不忘龙潭水之意。酒厂占地面积60000平方米，并新增设了机器设备，改变了几百年来的手工操作方法，先后研制出"红花煮酒""玫瑰煮酒""桂花煮酒""老龙潭补酒""活络酒"等32个新品种。

沙城酒厂部分产品及商标

1959年 · 处于困难时期，粮食紧张，为了响应国家提倡不用粮食酿酒的号召，沙城酒厂葡萄酒车间开工，计划用当地产葡萄酿制葡萄酒。

1960年 · 10月1日，沙城酒厂向国庆节献礼，年产3000吨葡萄酒车间建成投产。原料来自于怀来县暖泉公社河沙营、暖泉、涿鹿县温泉屯、阳原县等地收购的龙眼葡萄，生产红、白甜葡萄酒（果露酒），畅销全国各地。

1968年 · 本年度以后，酿酒工业逐渐恢复，产品的种类逐年丰富，产量逐年增加。

1972年 · 轻工业部把"优质白兰地、威士忌的研究"作为重点研究项目，列入轻工业部《1973—1977年的科学技术发展规划》中。由

白兰地壶式蒸馏器

郭其昌工程师负责组织北京东郊葡萄酒厂和烟台张裕酿酒公司等单位实施，1977年11月研究工作完成，达到预期目的。

1973年 · 6月19日，国务院副总理王震来怀来视察，指示要大力发展葡萄酒和葡萄生产。

· 7月全国葡萄酒技术协作会议在烟台召开，有70多家生产企业的专家参加了会议，沙城酒厂派人参加。

沙城酒厂派人参加1973年葡萄酒技术协作会议

· 11月，葡萄酿酒和葡萄栽培有关技术人员参加的"全国酿酒葡萄品种研究工作座谈会"在北京召开，与会人员一致认为葡萄酒的"酿造"和"栽培"分不开。会上要求包括怀来在内的6个协作区调查本

地区的土壤、气候、葡萄品种和栽培面积，并提交报告。

1974年
- 7月16～29日，原中国农林科学院果树试验站费开伟、河北省农科院昌黎果树所施安华等在张家口林业局吕湛陪同下对张家口地区主要葡萄产区进行了调查，提出了《张家口地区葡萄生产情况调查报告》，首次肯定怀来葡萄产业优势。

张家口地区葡萄生产情况调查报告

- 同年秋，外贸部粮油进出口公司计划出口葡萄酒，分管酒类工作的果杂处处长孙绍金邀请北京植物研究所、中国农业科学院、西城区葡萄酒厂、轻工业部酿造处、粮油进出口公司等员工十多人，到张家口参观。他们先到沙城酒厂，认为酒厂不错，葡萄也不错，便组织了一个会议，地区轻工业局、外贸局的一些领导参加。孙绍金把葡萄酒样请大家品尝后表明要发展葡萄原料，然后在张家口发展葡萄酒。

- 12月15～24日"全国葡萄酒和酿酒葡萄品种研究技术协作会"在烟台召开。有关单位在本次会议上阐述了沙城和涿鹿地区桑洋盆地发展葡萄种植的有利条件。会议上制订了国家葡萄酒1975年生产计划、"五五""六五"发展规划。规划包括六大产区，河北列入华北产区，沙城酒厂任华北协作区副组长。河北省葡萄酒业发展正式纳入国家规划，张家口地区以（74）158号文件下达有关县区执行。

1975年
- 9月30日，"华北地区葡萄酿酒葡萄栽培技术协作会"在河北省张家口市召开。张家口地区有关领导邀请与会的轻工业部食品局、食品发酵所、外贸部粮油食品进出口总公司有关同志到沙城酒厂研究如何发挥怀来地区的优势，将葡萄酒生产搞上去。从这时起，沙城酒厂发展葡萄酒有了开端。

- 当年，张家口地区副业办、林业局、商业局、外贸局和轻工业局联合编写发展出口商品基地报告，将重点发展当地的葡萄产业。

第二阶段：中国第一瓶干白葡萄酒的诞生

1976年
- 5月初，郭其昌在沙城酒厂感官鉴定所有存酒（100余个容器），将其分为优、好、中、次4个等级，并安排后加工工艺处理方法。

- 年底，以沙城特产龙眼葡萄为原料酿造而成的首批沙城干白葡萄酒诞生。

- 11月，张家口地区下发（76）100号文件，要大力发展葡萄基地，并建设万吨葡萄酒项目。确定将怀来暖泉公社5个村以及涿鹿温泉屯等列为单项葡萄生产基地，生产的葡萄交售给沙城酒厂。当粮食不足时，由国家供应和调节品种，从而把葡萄生产建设提高到了空前的高度。

第一瓶龙眼
干白葡萄酒

- 当年，沙城酒厂受到轻工业部和外贸部的关注，被纳入全国葡萄酒发展规划，当地葡萄酒生产进入了一个崭新的时代。

1977年
- 4月，引进的27个酿酒葡萄品种由怀来暖泉公社夹河大队试栽。

- 5月12日，为建设外贸部中国葡萄酒出口创汇基地和轻工业部中国葡萄酒样板厂，国家计划委员会"沙城酒厂万吨葡萄酒车间"项目破土动工，项目总投资8370万元，建筑面积33693平方米。

- 6月4日，郭其昌对沙城酒厂果酒车间原酒共68个池，容量总计898.9千升进行感官鉴定，并安排后加工处理方案。

- 6月30日至7月9日，轻工业部组织"葡萄酿酒和葡萄栽培调查小组"到访张家口地区调查葡萄栽培和葡萄酿酒。小组成

沙城酒厂研制的葡萄汽酒

员有江西食品发酵研究所郭其昌、山东葡萄试验站刘长恩、中国科学院北京植物研究所北京植物园黎盛臣、民权葡萄酒厂李怀堂、中国粮油食品总公司糖杂处邓炳元。

- 当年，沙城酒厂开始用机械生产葡萄汽酒。

1978年
- 4月，"全国啤酒、葡萄酒工业发展规划会议"在河北沙城召开，会议指出"要高速度、高质量地发展葡萄酒工业，逐步满足国内市场的需要，尽量为多出口、多换外汇、多做贡献而努力。"

- 同年下半年，"干白葡萄酒新工艺的研究"被轻工业部列为重点科研项目，项目下达给轻工业部食品发酵研究所和沙城酒厂，郭其昌为项目负责人。青岛葡萄酒厂、民权葡萄酒厂、萧县葡萄酒厂和涿鹿酒厂各派一位技术人员，结合3名沙城酒厂技术人员作为骨干及从沙城酒厂里选出的20位技术工人组成了科研组，开始在沙城酒厂进行研究工作。

《干白葡萄酒新工艺的研究专题技术报告》文件摘要

1979年
- 1月，沙城酒厂产品荣获国家质量奖金质奖章（国家经济委员会）。
- 4月19日，轻工业部食品发酵工业科学研究所在沙城酒厂主持召开"酿酒葡萄优良品种选育座谈会"。轻工业部科研司、轻工业

沙城酒厂荣获国家质量金质奖章

部科学研究院、河北省第一轻工业局等部门给予极大的重视并派人参加指导。沙城酒厂作为该项目的承担和协作单位，与轻工业部食品发酵工业科学研究所、中国科学院北京植物园、中国农科院郑州果树所、山东葡萄试验站、青岛葡萄酒厂等单位共同参加。11月，由中国科学院植物研究所北京植物园葡萄组和轻工业部食品发酵工业科学研究所果酒组联合编写的《优良酿酒葡萄品种》一书出版，是对该项工作的一个全面总结。

- 8月，沙城酒厂沙城白葡萄酒（干）产品经第三届全国评酒会被评为全国名酒（轻工业部），沙城半甜葡萄酒被评为国家优质酒。

- 9月8日，沙城干白葡萄酒获得中华人民共和国质量金质奖章（国家经济委员会），并开始出口。本年度，沙城干白葡萄酒出口达7739箱。半甜葡萄酒、龙潭大曲获河北省优质产品奖。

- 9月13日至10月18日，轻工业部派出我国第一个政府级葡萄酒出国考察团，原沙城酒

《优良酿酒葡萄品种》一书出版

1979年，沙城半干白葡萄酒荣获
全国优质酒称号

1979年，沙城干白葡萄酒荣获
全国名酒称号

中国第一个葡萄酒出国考察团（1979年10月）

厂厂长解一杰随团参加。此次的考察经历被系统地编写在了《赴法葡萄酒白兰地技术考察报告》中，这份报告让国人首次了解了法国的葡萄酒发展情况。

- 12月，轻工业部食品发酵工业科学研究所、中国粮油食品进出口总公司、沙城酒厂与美国施格兰公司（Seagram Co.）就葡萄苗木进口事宜达成协议。1980年3月进口苗木空运至北京，转沙城酒厂试栽。

- 12月29日，建立母本园座谈会在怀来东水泉召开。

- 12月，沙城酒厂完成轻工业部重点项目"干白葡萄酒新工艺的研究"，标志着中国第一瓶符合国际标准的干白葡萄酒研制成功。

1980年
- 3月5日，位于东水泉的怀来母本园正式开工建设。母本园占地1.13平方千米（1700亩），实有葡萄种植面积0.97平方千米（1455亩），南端紧靠永定河，西北端靠丰沙线，西北邻怀来县良种场。现为"桑干酒庄"。

中国长城葡萄酒有限公司原科研中心
（桑干酒庄前身）

- 3月20日，自联邦德国和美国引入的13个品种（白葡萄8种，红葡萄5种）共54000株苗木，在母本园定植，这是中国首次多品种、成批量地引进国际著名酿酒葡萄品种。

- 8月24日，"干白葡萄酒新工艺的研究"4项子课题，由轻工业部食品发酵工业科学研究所组织进行了阶段性鉴定。

- 同年末，沙城酒厂经过30多年的发展，成为占地500余亩，拥有职工1600余人的综合性酿酒企业。可生产白酒、配制酒、葡萄酒、酒精四大类共十几种产品，年产量达20000余吨，每年向国家上缴利税近1千万元。

1981年
- 1月，沙城酒厂建制改为张家口地区长城酿酒公司，下设白酒、酒精、葡萄酒3个厂，科研所和葡萄母本园等。原沙城酒厂葡萄酒车间成为长城酿酒公

沙城酒厂生产车间

司沙城葡萄酒厂。

- 3月，沙城酒厂"干白葡萄酒新工艺的研究"荣获轻工业部科学研究院颁发的三等奖。

- 本年度，时任河北省计划委员会副主任龚焕文带队到怀来、涿鹿调查考察葡萄基地建设情况，就酒厂投资、物资供应、粮食包干等7个问题向河北省政府做专题报告，河北省领导批示有关部门落实。

第三阶段：开拓前行的长城葡萄酒

1983年
- 8月1日，经外贸部批准，由张家口地区长城酿酒公司、中国粮油食品进出口总公司、香港远大公司三家公司合资成立"中国长城葡萄酒有限公司（以下简称"长城公司"）"。总投资1939万元（人民币），注册资本1064万元，合营期限15年，这也是张家口地区第一个中外合资企业。

- 9月3日，中国长城葡萄酒有限公司第一次接待外宾——日本商务代表参观团。

- 10月4日，中国长城葡萄酒有限公司生产的长城牌干白葡萄酒在英国伦敦举办的第十四届国际评酒会上获得银质奖，被誉为"典型的东方美酒"。这是中国葡萄酒自1915年巴拿马赛会后近70年来我国酒类产品首次在国外获奖，从而确立了中国葡萄酒在世界葡萄酒业的地位。为此，《人民日报》发表了题为《中国长城牌干白葡萄酒荣获国际银质奖章》和《葡萄美酒香五洲——介绍长城牌干白葡萄酒》的文章。

- 12月6～9日，"干白葡萄酒新工艺的研究"项目通过国家鉴定。

1984年
- 6月，"长城牌干白葡萄酒"获西班牙马德里第三届国际酒类、饮料评比会金质奖。

- 8月31日，"长城牌干白葡萄酒"获1984年国家优质产品金奖。

1984年，马德里国际酒类大赛金奖奖牌

"干白葡萄酒新工艺的研究"项目通过国家鉴定文件

- 10月6~7日，时任国务委员陈慕华到怀来考察中国长城葡萄酒有限公司、东暖泉乡葡萄基地。
- 12月，河北长城葡萄酒有限公司生产的"长城牌"龙眼干白葡萄酒荣获轻工业部酒类质量大赛金杯奖和部优产品称号，长城牌半甜白葡萄酒获银杯奖和部优产品称号，长城牌白诗南干白葡萄酒获铜杯奖和部优产品称号。以上3种产品均获河北省优质产品称号，味美思红葡萄酒被评为河北省新产品，获二等奖。

1985年
- 8月，河北省委书记邢崇智到长城公司视察，并对干白葡萄酒的发展做了重要指示。
- 10月15日，对外经济贸易部部长郑拓彬到中国长城葡萄酒有限公司视察（见下图）。

对外经济贸易部部长郑拓彬到中国长城葡萄酒有限公司视察

1986年
- 10月，长城干白葡萄酒在法国巴黎荣获第十二届国际食品博览会金奖。
- 10月，长城牌干白葡萄酒被评定为国宴用酒。从本年度开始，中国民航国际航班、外交部供应处及驻外使馆都用长城牌干白葡萄酒招待客人。
- 12月，"干白葡萄酒新工艺的研究"获轻工业部重大贡献一等奖、科技进步奖等荣誉。

"干白葡萄酒新工艺的研究"
1987年获得国家科技进步二等奖

1987年
- 7月，"干白葡萄酒新工艺的研究"荣获国家科技进步二等奖，这是中华人民共和国成立以来中国葡萄酒科研项目获得的第一个国家级奖项。
- 当年，北京龙徽葡萄酒厂在小南辛堡乡建立了近2000亩酿酒葡萄基地。

1988年
- 3月，怀来葡萄载入《全国优质产品基地产品名录》，成为怀来县唯一入选的产品。
- 12月，在首届中国食品博览会上，长城干白葡萄酒、半甜白葡萄酒及白诗南干白葡萄酒荣获金奖，长城牌迎宾甜红葡萄酒获银奖，长城牌干白葡萄酒获轻工业出口产品展览会金奖。
- 当年，长城牌葡萄汽酒获轻工业部轻工"优秀出口产品"称号。

1989年
- 7月15日，中国长城葡萄酒有限公司起泡葡萄酒生产线安装完毕并正式投入生产。

1990年
- 1月17日，由中国长城葡萄酒有限公司承担的国家"星火计划""香槟法起泡葡萄酒生产技术开发"项目验收及产品鉴定会议在沙城召开。
- 4月23日，中国长城葡萄酒有限公司生产的长城牌干白葡萄酒、长城牌大香槟酒、皇英牌干白葡萄酒及干白雷司令葡萄酒、甜雷司令葡萄酒，经第十一届亚运会组委会集资部批准，可使用第十一届亚洲运动会标志：会徽和吉祥物。

- 12月，中国长城葡萄酒有限公司"香槟法"起泡葡萄酒在首届全国轻工业博览会上获银奖。"香槟法起泡葡萄酒生产技术开发"项目获轻工业部科技进步三等奖。

1991年
- 11月，中国长城葡萄酒有限公司"香槟法起泡葡萄酒生产技术开发"项目获"七五"全国星火计划成果博览会金奖。

1992年
- 6月7日，长城牌干白葡萄酒、香槟法起泡葡萄酒获1992年香港国际食品博览会金奖。

- 8月，由铁瑢主编的《盛名与开拓——前进中的中国长城葡萄酒有限公司》一书由河北科学技术出版社出版，该书1998年再版。

《盛名与开拓》一书出版

第四阶段：葡萄与葡萄酒产业投资高潮兴起

1993年
- 3月，河北文物研究所对宣化下八里辽代壁画墓群进行考古活动，在张文藻墓祭品中发掘出葡萄和葡萄酒实物，这是我国考古史上的重大发现。

- 8月，长城琼瑶浆白葡萄酒通过河北省省级鉴定。

- 当年，怀来县桑园乡投资600万元，新建当地第一家乡办葡萄原酒加工企业——怀来县长城果品开发公司，年加工葡萄110万千克，生产葡萄原酒1400吨，开创了种植与酿酒结合的先河。

1994年
- 9月，中国农学会葡萄分会在怀来成立。

中国农学会葡萄分会会议文件

45

- 9月22~26日，中国农学会葡萄分会成立大会暨全国葡萄学术讨论会在河北省怀来县召开。大会推举河北省怀来林业局局长刘俊等担任常务理事。
- 9月，中国长城葡萄酒有限公司引进的酒泥处理、速冻、膜过滤新技术、新工艺通过鉴定。

1995年
- 5月，原东暖泉乡和中国长城葡萄酒有限公司联营，新建葡萄原酒发酵厂——怀来龙泉葡萄发酵中心，投资1750万元，葡萄原酒生产能力2400吨。
- 7月，中国长城葡萄酒有限公司酒泥处理新技术及产品获1995年河北省轻工业科技进步一等奖。
- 12月，中国长城葡萄酒有限公司"葡萄酒速冻新工艺新技术"科技项目获中国轻工业科学技术进步三等奖。

1996年
- 9月，怀来桑园乡夹河村建成全县第三个葡萄加工企业——夹河村葡萄发酵总站，投资980万元，年加工葡萄原酒1200吨。
- 7月4日，桑园乡与中国长城葡萄酒有限公司、英国马丁克拉克亚洲有限公司合资兴建5000吨葡萄发酵项目，确立了初步合作意向。
- 8月7日，"长城酿酒公司"改称"张家口长城酿造（集团）有限责任公司"。
- 当年，怀来龙泉葡萄发酵中心投资1635万元进行扩建，葡萄生产能力达到5640吨。怀来长城果品开发公司投资710万元扩建，原酒生产能力达2800万吨。

1997年
- 9月26日，河北马丁葡萄发酵公司建成投产，该公司由中国长城葡萄酒有限公司与英国中海国际控股有限公司合资共同投资3000多万元兴建，年产5000多吨葡萄原酒。

马丁酒庄全景图

46

- 10月21日，河北省人民政府批准成立"河北省葡萄酒基地规划建设领导小组"。省计划委员会、省财政厅、省农业厅及秦皇岛、张家口、唐山三市政府主管领导为成员，领导小组办公室设在省计划委员会。第一次会议，研究部署河北省葡萄酒基地专项调研和规划工作。第二次会议，就加快发展河北省葡萄酒产业进行了研讨。
- 当年，"容辰庄园葡萄酒有限公司"在怀来成立。
- 当年，中国长城葡萄酒有限公司和河北龙珠实业有限公司在涿鹿温泉屯镇合作建设的"明珠葡萄发酵有限责任公司"成立。
- 当年，怀来龙泉葡萄发酵中心更名为河北龙泉葡萄发酵有限公司。
- 当年，中国长城葡萄酒有限公司生产出中国第一瓶符合国际标准的白兰地（V.S.O.P.）。同年，开始二期"双加"工程。

1998年
- 3月25日，怀来赤霞葡萄酒有限公司在怀来成立。
- 9月14日，怀来红叶庄园葡萄酒有限公司在怀来成立。
- 当年，怀来瑞云庄园葡萄酒有限公司在怀来成立。
- 当年，夹河葡萄发酵总站与长城葡萄酒有限公司、龙珠实业有限公司，以股份合作方式改组为河北夹河葡萄酒有限公司。

1999年
- 6月，张家口世纪长城酿酒有限责任公司成立。
- 9月，怀来举办第一届葡萄节。

中法两国农业合作项目组成员合影

- 9月19日，由时任国务院副总理温家宝提议的中法合作项目——葡萄种植及酿酒示范农场成立。中法两国农业部在巴黎正式签署了合作《议定书》，就在中国推广法国苗木、技术、设备等事宜达成协议。同年选址怀来，示范农场项目正式进入筹备阶段。
- 当年，河北沙城庄园葡萄酒有限公司成立。
- 当年，中国长城葡萄酒有限公司二期"双加"工程完工，综合产能达到5万吨。

第五阶段："沙城葡萄酒"获原产地域保护

2000年
- 3月，怀来被国家林业局和中国经济林协会命名为"中国名优特经济林葡萄之乡"。
- 9月19日，中法葡萄园动工建设。葡萄园面积为22公顷（1公顷=10000平方米，余同），其中酿酒葡萄占用21公顷，葡萄品种由法国农渔业部项目专家组在充分考察当地种植土壤、气候的综合因素后并认真听取了中国葡萄专家的建议而筛选的优良品种/株系，包括赤霞珠（Cabernet Sauvignon）、梅鹿辄（Merlot）、品丽珠（Cabernet Franc）、马瑟兰（Marsélen）、霞多丽（Chardonnay）5个主栽品种的10个株系，以及其他5个黑（红）色品种、6个白色品种，其中多个品种/品系为我国首次引进。

中法庄园葡萄园动工建设

2001年

- 年初，怀来县被国务院发展研究中心农村发展研究部、中国农学会命名为"中国葡萄酒之乡"。

- 4月，怀来县被农业部中国特产之乡推荐委员会命名为"中国葡萄酒之乡"。

怀来被命名为"中国葡萄酒之乡"

- 当年，在专家论证的基础上，怀来县质量技术监督局发布实施了《怀涿盆地葡萄综合标准》等39项地市级地方标准，揭开了怀来葡萄种植标准化的序幕。

2002年

- 4月11～14日，长城三星干红、干白被指定为2002年亚洲博鳌论坛组委会指定用酒。

- 6月24日，中法庄园总建筑面积5564平方米的基建工程全面开始，包括发酵车间、酒窖、灌装车间、办公楼、培训楼、展示观光厅等。

- 12月9日，国家质量监督检验检疫总局实施对沙城产区"沙城葡萄酒"产品原产地域保护。

中国名牌产品证书

国家葡萄酒原产地域保护文件

第六阶段：国际化产业结构初步形成

2003年
- 5月26日，怀来县葡萄酒局正式挂牌成立，成立之初为怀来县工业和信息化局的二级管理机构。
- 7月24日，怀来迦南酒业有限公司在怀来县工商行政管理局登记成立。
- 8月，中法庄园酿酒设备安装调试完毕，并开始收获葡萄，第一个榨季酿酒65吨。
- 9月14日至10月5日，怀来县举办第五届葡萄采摘暨葡萄酒节。罗国光、晁无疾、修德仁、李华等业内专家以及威龙、龙徽、地王等葡萄酒企业的代表参加了会议。
- 当年，中国长城葡萄酒有限公司股权改革，成为中粮集团的全资子公司。张家口长城酿造（集团）有限责任公司将持有的中国长城葡萄酒有限公司50%的股份全部转让给中粮集团。

获奖证书

2004年
- 4月21日，"怀来容辰庄园"经国家旅游局审核验收被评为AA级"全国农业生态旅游观光示范点"。
- 9月19日至10月19日，怀来县举办第六届"中国怀来葡萄采摘暨葡萄酒节"。期间举办大型开幕式、国内知名艺术家参加的文艺演出、焰火晚会、招商项目发布及洽谈会、葡萄状元评比、葡萄产业发展研讨会等一系列活动。
- 当年，中法两国农业部签署《二期合作议定书》，协定通过试验、培训推广技术和管理经验，为示范农场培养技术管理人才。
- 当年，第五届布鲁塞尔国际葡萄酒及烈酒评定会评定中，沙城产区长城庄园赤霞珠干红（1996）获金奖、长城五星干红（1998）获银奖。

2005年
- 2月，怀来县被国家标准化管理委员会列为第五批"全国葡萄种植农业标准化示范区"。
- 4月8日，中法合资企业——德尚葡萄酒有限公司在怀来注册成立。

- 5月31日，中法合作示范农场进行公司化改制，更名为中法庄园葡萄酒有限公司。
- 9月10日，中国河北省怀来县第七届葡萄采摘暨葡萄酒节拉开帷幕。
- 当年，伦敦国际评酒会，长城V.S.O.P.白兰地；长城庄园赤霞珠干红（1997）荣获金奖，容辰庄园赤霞珠干红和霞多丽干白分别荣获金奖、银奖。
- 截至本年度，怀来县有法国、英国、美国、西班牙、阿根廷等国内外投资商建立的葡萄酒生产企业14家，葡萄原酒、葡萄酒年生产能力分别达到了12.5万吨和6万吨，葡萄产业对地方财政的贡献率达到了60%以上。

第七阶段：蓬勃发展中的宣传推广与对外交流合作

2006年
- 7月28日，时任国务院副总理回良玉在河北省副省长宋恩华、张家口市委书记、怀来县县长等陪同下，视察了中法政府合作葡萄种植与酿酒示范农场（中法庄园）。
- 8月16日，长城葡萄酒成为北京2008年奥运会葡萄酒独家供应商。

整齐美观的葡萄园

- 9月23日至10月23日，怀来举办第八届中国怀来葡萄采摘暨葡萄酒节。
- 11月13日，中国和法国首个政府间农业合作示范项目——"中法葡萄种植与酿酒示范农场"项目在河北怀来县正式落成。项目总投资4734万元，其中法方投入240万美元。项目总占地面积30公顷，其中葡萄种植面积22公顷，酿酒葡萄的种质资源全部由法国引进，包括16个品种21个品系。农场葡萄酒年设计生产能力200吨，部分酿酒设备为中国首次引进。
- 当年，长城葡萄酒有限公司获得全国食品行业质量效益型先进企业称号。长城庄园在葡萄酒行业为首家零缺陷通过国家级"良好农业规范（GAP）"认证的企业。
- 当年，河北龙泉葡萄发酵有限公司改制，成立怀来龙腾葡萄酒有限公司。

2007年
- 1月15日，怀来龙徽庄园葡萄酒有限公司成立。
- 6月16日，长城葡萄酒以125.87亿元品牌价值入选"2006中国品牌500强"第67位。
- 8月28日，怀来县桑园葡萄专业合作社成立。
- 当年，长城葡萄酒有限公司获得"农业产业化国家重点龙头企业"称号；长城庄园成为"国家级葡萄种植农业标准化示范区"；长城技术中心被国家五部委认定为"国家认定企业技术中心"。
- 当年，怀来卡波多·杰帝葡萄酒庄有限公司在怀来成立。

2008年
- 3月3日，怀来盛唐葡萄庄园有限公司成立。
- 3月13日，怀来贵族庄园葡萄酒业有限公司成立。
- 4月25日，怀来百花谷葡萄酒庄园有限责任公司成立，由香港德甫斯国际有限公司、怀来和畅葡萄酒庄园和美国荧光葡萄酒庄园有限公司合资。
- 5月11日，长城"超越2008"奥运全球限量珍藏葡萄酒发布，该款葡萄酒一经亮相即被国际奥委会洛桑博物馆永久收藏。此酒源自长城桑干酒庄，原料选自30年鼎盛产果期的葡萄，经手工粒粒精选酿制而成，代表了当今世界优质葡萄酒的水准。
- 5月20日，怀来紫晶庄园葡萄酒有限公司成立。

- 10月28日，怀来经典长城葡萄酒有限公司成立。

2009年
- 4月30日，怀来县桑园葡萄专业合作社成员入股成立怀来桑园葡萄酒有限公司。

- 7月，长城葡萄酒荣膺2010年上海世博会唯一指定葡萄酒。

- 8月12日，怀来县福瑞诗葡萄酒堡有限公司成立。

- 9月12日，第十届中国怀来葡萄采摘暨葡萄酒节举办，全国人大常委会副委员长、民革中央主席周铁农出席开幕式，并到相关企业考察调研。期间在中国长城葡萄酒有限公司，周铁农先后来到科研楼、香槟酒窖、地下品酒窖等处进行了参观，详细了解产品研发、市场走势和企业管理等情况。

- 9月23日，《中国葡萄酒业三十年》正式出版，该书见证中国葡萄酒产业30年的发展历史。产区专题中对怀来有详细报道，收录长城、龙徽、丰收、中法庄园等葡萄酒企业，对何琇、曲喆、吴飞、奚德智、田雅丽、杰罗姆·萨巴特（Jerome Sabate）等怀来产区相关人物进行了集中报道。

- 9月底，加快推进张家口市葡萄产业发展动员大会在怀来县召开。会前，与会人员出席了在怀来县月亮岛苗木基地举行的"张家口市葡萄苗木繁育基地"挂牌仪式，市领导杨玉成、韩立友为基地揭牌。

- 当年，以长城庄园为基础成立的长城桑干酒庄技术中心被认定为"河北省葡萄酒工程技术研究中心"。同年通过有机食品认证。

2010年
- 2月，迦南投资集团入主中法庄园葡萄酒有限公司。

- 4月9～11日，博鳌亚洲论坛2010年年会在中国海南博鳌如期举行，长城桑干酒庄2002特别专供葡萄酒成为博鳌亚洲论坛指定葡萄酒品牌。

- 5月，在品醇客国际葡萄酒大赛上（Decanter World Wine Award），长城龙眼干白获铜奖。

- 7月15日，《关于进一步加强中法葡萄种植与酿酒示范农场项目合作的联合声明》在京签署，中华人民共和国农业部国际合作司司长王鹰、法兰西共和国驻华大使苏和、迦南投资公司执行董事兼CEO徐涛分别代表上述三方出席签字仪式。

- 7月，怀来县葡萄酒局成为隶属于怀来县林业局的二级管理机构。

- 8月19日，怀来县誉龙葡萄酒庄园有限公司成立。

- 9月5日，第十一届中国·怀来葡萄采摘暨葡萄酒节首次在北京人民大会堂开幕。酒节历时一个月，先后组织"品葡萄美酒、看怀来今朝"文艺演出、葡萄之乡旅游线路推介、葡萄酒论坛峰会、项目招商发布会等活动。

- 当年，长城桑干酒庄特别珍藏西拉干红葡萄酒在布鲁塞尔国际葡萄酒、烈酒评酒会上获金奖。

- 当年，怀来、涿鹿地方政府加大了对酿酒葡萄基地的补贴力度。怀来县按照新增种植面积每亩400元的标准进行一次性补贴。通过推广测土配方施肥技术、组织技术培训，帮助葡农降低成本，提高质量，并通过出台《关于鼓励开发荒山、荒地和荒滩改良建设葡萄种植基地的意见》等政策来鼓励农民大力发展葡萄基地。

2011年
- 4月14~16日，长城桑干酒庄技术中心被认定为国家CNAS认可实验室。

- 8月，米歇尔·罗兰受聘担任中粮长城全球酒庄群的首席酿酒顾问，合作以"一个国际化的酿酒师团队+遍布新旧世界与东方世界的全球酒庄群"模式，即"N+N"多边资源整合模式，为长城全球酒庄酒酿造管理带来了全面指导。

米歇尔·罗兰工作照

- 9月17日，主题为"葡萄美酒醉全球 品味激情在怀来"的第十二届中国·怀来葡萄采摘暨葡萄酒节在北京钓鱼台国宾馆隆重开幕，历时20天。

- 12月19日，怀来财政局发布《关于做大做强县葡萄酒产业》的调查报告，分析产区发展现状，给出发展对策。

2012年
- 4月20~22日，"第五届亚洲葡萄酒质量大赛"中，长城天赋葡园特级精选干红2008、长城天赋葡园珍藏级干红2008、紫晶庄园丹边霞多丽干白2010、紫晶庄园丹边品丽珠干红2009获金奖。

- 4月，由怀来盛唐葡萄酒庄园有限公司引进的9.5万株美国加利福尼亚州葡萄苗落户怀来。

- 5月，长城桑干酒庄珍藏级梅鹿辄/赤霞珠干红葡萄酒在"布鲁塞尔国际葡萄酒、烈酒大奖赛"获金奖一枚。

- 7月20日，怀来县古堡葡萄酒庄园有限公司成立。

- 9月20日，怀来葡萄产业联合会成立，并召开第一次会员大会。会议审议通过了《怀来葡萄产业联合会章程（草案）》《怀来葡萄产业联合会选举办法（草案）》《怀来葡萄产业联合会会费收取及经费使用管理办法（草案）》。

2012年9月20日上午，怀来葡萄产业联合会成立大会暨第一次会员大会在大唐温泉培训中心第一会议室召开。县领导景庆雨、李玉清、姜海奎、朱群德、张辉军，怀来迦南酒业投资总经理徐涛出席会议

- 9月22日，怀来县召开了沙城葡萄酒——国家地理标志产品（怀来）高峰论坛会。

第八阶段：新时期下的"三产"融合之路

2013年
- 4月3日，怀来县安特葡萄酒庄园有限公司成立。

- 5月17日，"布鲁塞尔国际葡萄酒、烈酒评酒会"上，长城桑干酒庄特级精选级赤霞珠干红葡萄酒获得金奖。

- 5月22日，美国农业部考察团一行六人到怀来分别

2013年3月24~26日，怀来紫晶庄园葡萄酒有限公司和怀来贵族庄园葡萄酒有限公司赴德国参加2013年德国杜塞尔多夫国际葡萄酒及烈酒展览会（Prowein，2013）

参观了紫晶庄园、百花谷、贵族酒庄和长城桑干酒庄，就双方在葡萄栽培、葡萄酒生产方面的合作展开讨论。

- 5月，北京市延庆县与河北省怀来县筹划联合推出延怀河谷葡萄及葡萄酒产区，规划范围包括延庆县、怀来县的27个乡镇，约2000平方千米，是以葡萄种植、葡萄酒酿造和酒文化旅游为主导产业的区域经济体。

2013年6月27～29日，沙城产区葡萄酒企业参加2013广东国际酒类博览会

- 9月13日至10月7日，"2013中国·怀来葡萄产业宣传旅游季"活动举办，期间举办了包括怀来葡萄酒文化鉴赏自驾之旅、桑干酒庄开庄仪式、葡萄酒展示品鉴汇、"酿酒师、侍酒师"培训、葡萄及葡萄酒知识讲座等一系列别具特色的活动。

- 9月，怀来县贵族庄园葡萄酒有限公司完成的"美乐半甜桃红葡萄酒酿造技术研发"项目获河北省科技进步三等奖。

2014年
- 2月20日，怀来召开农业农村工作暨葡萄和葡萄酒产业发展会议，制定出台了《怀来县推进葡萄和葡萄酒产业上档升级的实施办法》。

- 5月29日，怀来县地理标志产品专用标志赋标启动仪式举行。怀来县23家有QS认证的葡萄酒生产加工企业，首批就有18家被核准使用国家地理标志保护产品专用标志。

- 7月29日至8月2日，第十一届世界葡萄大会在北京市延庆县成功举办，怀来县和延庆县共同推出了建设葡萄及葡萄酒产区规划。怀来县20家葡萄酒及相关企业组团参展。

2014年7月，怀来县20家葡萄酒及相关企业参加北京延庆世界葡萄大会

- 9月22～25日，第二十届全国葡萄学术研讨暨中国农学会葡萄分会成立二十周年大会在河北怀来举行。大会期间，开展了全国优质鲜食葡萄评比、全国葡萄学术研讨会、怀来县葡萄产业专家报告会、首届怀来葡萄（酒）知识

2014年9月，中国农学会葡萄分会成立二十周年大会在怀来举办，来自全国的600多名葡萄从业者聚集研讨

  竞赛决赛、葡萄酒庄及种植基地参观等活动。怀来县鲜食葡萄在全国161个参赛样品中荣获金奖20个，优质奖17个。

2015年

- 2月，《走近酿酒师》（第一卷）出版。其中，收录了5位怀来产区酿酒师，包括王焕香（中国长城葡萄酒有限公司）、孙腾飞［中粮长城桑干酒庄（怀来）有限公司］、贾宇亮［中粮长城桑干酒庄（怀来）有限公司］、赵德升（怀来迦南酒业有限公司）、李荣杰（河北马丁葡萄酿酒有限公司）。

《走近酿酒师》第一卷

- 5月1日至6月1日，在沙城高速口建设沙城葡萄酒电子商务平台直营店。

- 6月22～26日，应美国加利福尼亚州中国酒文化交流会的邀请，经张家口市人民政府批准，以县政府副县长朱群德同志为团长的怀来县人民政府和葡萄酒企业代表团一行7人访问了美国纳帕，就两地的酿酒葡萄种植及管理模式进行了深入探讨和实地考察。

- 7月29日，参加《河北省志　葡萄酒志》编写工作讨论会。

- 11月11日，京东"怀来沙城产区葡萄酒专营店"上线，开创了国内首个以产区葡萄（酒）进行互联网销售的新模式，18家葡萄酒生产企业的百余款葡萄酒开始网上销售。

- 截至2015年，怀来葡萄酒局推广嫁接苗，累计种植4000余亩。

2016年

- 3月4～18日，怀来参加张家口市林业局技术人员培训。怀来县展开

了《中国葡萄产业未来发展方向》《葡萄机械化种植》和《葡萄合作社的发展历程及葡萄嫁接苗的繁育技术》的培训课程。

· 4月20日，怀来葡萄酒局组织企业参加2016 RVF中国优秀葡萄酒年度大奖评选，怀来产区共获得11项荣誉，其中金奖2枚，银奖3枚，铜奖3枚。

· 5月4日至6月，怀来葡萄酒局在怀来东花园高速出口建立了"怀来葡萄酒展销中心"，并组织13家酒企入驻东花园旅游接待中心。该直营店已成为怀来县第二个葡萄酒展示及销售的窗口。

2016年2月，上海"发现中国·葡萄酒峰会"现场

· 5月24～26日，怀来葡萄酒局组织部分酒企参加2016年VINEXPO香港酒展。

· 7月15日，怀来举办"院镇共建"葡萄酒产区风格特征学习班，为北京农学院陈俐、姜怀玺、李德美三位教授颁发了聘书，聘请他们为怀来县葡萄及葡萄酒产业发展顾问，这将为加速怀来县农业产业化发展进程、实现科技创新起到有力的推动作用。

· 7月27～28日，市委组织部拍摄《新中

2016年5月，香港VINEXPO展会，怀来产区葡萄酒入选中国葡萄酒品鉴会

国第一瓶干白葡萄酒诞生记》纪录片，后该纪录片被收录在全国党员干部现代远程教育网，被列为地方优秀节目展播。

- 12月26日，"中国葡萄酒的崛起"主题品鉴会亮相法国巴黎卢浮宫贝丹德梭Grand Tasting酒展，品鉴会上6款中国葡萄酒大放异彩，其中河北怀来产区的中法庄园、迦南酒庄、紫晶庄园在展会中设立了专属展位。

- 当年，怀来县代表团出访了美国，推进纳帕谷学院与怀来的教育合作项目，访问了部分葡萄酒企业，并与加利福尼亚州-中国酒文化交流会、纳帕谷学院和纳帕农业局负责人会晤，共同商讨产区间在旅游、贸易及葡萄酒相关技术与葡萄酒贸易等相关问题的合作，并建立了双方的互访机制。

2017年
- 1月，怀来县正式启动"沙城葡萄酒"国家地理标志产品保护示范区创建工作，开创了河北省建设国家地理标志产品保护示范区先河。

- 3月，"马瑟兰：中国葡萄酒的明日之星"——中国马瑟兰葡萄酒品鉴会亮相第24届德国Prowein，怀来紫晶酒庄丹边马瑟兰2014、河北沙城中法庄园马瑟兰2011位列品鉴酒单。

- 4月，怀来县"沙城葡萄酒"经国家质检总局推荐被列入"中欧100+100"中方地理标志产品出口遴选名单，成为河北省唯一入选的地理标志保护产品。

2017年3月11日，干白、甜白酿酒技术培训及品鉴会

- 6月13日，中国酒业协会对拟批准使用葡萄酒酒庄酒证明商标（第5504363号）标识的企业进行公示，其中河北怀来产区有3家企业，包括河北马丁葡萄酿酒有限公司、怀来县贵族庄园葡萄酒业有限公司和怀来紫晶庄园葡萄酒有限公司。
- 怀来葡萄酒局与北京山水装饰工程有限公司合作，对葡萄酒庄集聚区进行规划，制定《环官厅湖圈规划》。

2018年
- 5月29日，第25届比利时布鲁塞尔国际葡萄酒大奖赛（CMB）中国获奖酒颁奖典礼在北京举行。本届赛事上，怀来9家企业30款酒品参赛，获得大金奖1枚（产区首枚）、金奖4枚、银奖4枚。

河北省委书记、省人大常委会主任王东峰在怀来调研

- 10月11日，河北省委书记王东峰到怀来县调研葡萄产业时指出，怀来拥有良好的区位优势、自然优势、生态优势，下一步重点就是要培强产业优势，把葡萄产业做大做强，做成国际品牌。要做好科学

规划，要做大产业规模，要推动三产融合。

- 12月，怀来出台《河北波尔多计划——怀来县葡萄产业高质量发展三年提振实施方案》，为葡萄产业在接下来的三年如何发展出谋划策。

2019年

- 2月25日，世界三大酒评家之一、葡萄酒界第一夫人——杰西斯·罗宾逊（Jancis Robinson）女士到怀来产区参观，考察产区风土并参加产区精品葡萄酒品鉴会。
- 3月17～19日，河北怀来产区5家精品酒庄参与中国葡萄酒产区展团，亮相德国杜塞尔多夫Prowein酒展。在品鉴晚宴、中国葡萄酒大师班上，李德美教授向来自世界各国的业内人士分享了中国市场数据、中国酒地图、风土条件。
- 5月10日，河北省委书记王东峰到怀来调研葡萄产业，对葡萄种植、酒庄建设、品牌推广、葡萄酒销售、建设规划、葡萄酒产业与旅游融合以及人才引进等葡萄酒产业发展的各个方面做出指示。

发现中国·2019中国葡萄酒发展峰会

2019年，葡萄酒界第一夫人杰西斯·罗宾逊到访怀来桑干酒庄

2019年3月，德国杜塞尔多夫Prowein酒展

2019年5月8日，橡木桶培训

河北省委书记、省人大常委会主任王东峰在怀来调研

- 8月12日，中国《葡萄酒产区》团体标准启动会在怀来召开。各产区管理部门代表、行业协会代表、行业人士、国内主要企业代表参会。

2019怀来葡萄酒产区发展高峰论坛

- 9月10日，怀来恒大国际葡萄酒交易中心正式运营，24家葡萄酒企业旗舰店入驻，怀来沙城产区电子商务平台直营店、顺丰快递也已入驻恒大葡萄酒交易中心。
- 9月11日，"怀来葡萄"区域公用品牌发布会在北京新发地举行"怀来葡萄"及"河北怀来·沙城葡萄酒"的品牌LOGO发布。
- 10月20日，北京农学院食品科学与工程学院与怀来共建"葡萄与葡萄酒产学研实训基地"揭牌签约，瑞云酒庄、红叶庄园、迦南酒庄、贵族酒庄等7家企业分别与院方就酿酒工程专业实习基地"产学研"合作进行了签约，并分别接受了授牌。
- 2020年 1月3日，石家庄市葡萄酒文化长廊正式运营。石家庄市"河北葡萄酒文化长廊"，是集怀来葡萄酒品鉴交流、交易展示、休闲体验、教育培训于一体的葡萄酒综合体验中心，是怀来县葡萄酒面向国内市场拓展销售渠道的窗口。
- 1月15日，河北省委书记王东峰到怀来调研，对葡萄酒产业发展提出"十点意见"，如下所示。

（1）对标世界一流，编制一个规划。

（2）搭建对外交流平台，举办一个大会。

（3）讲好怀来葡萄故事，编撰一本书。

（4）演绎怀来葡萄文化，策划一台节目。

（5）搭乘数字化快车，建设一个网络平台。

（6）实现"买世界卖世界"，建好一个交易中心。

（7）强化科技支撑，建好一所葡萄酒研究院。

（8）用品质赢得市场，建好一个检测中心和追溯基地。

（9）着眼人才培育，建好一所葡萄酒培训学校。

（10）汇聚行业精英，建好一支葡萄专业队伍。

- 1月16日，怀来县人民政府与北京市中联加互联网科技发展研究院共同启动"数字葡萄"项目，通过建设葡萄全产业链数字化系统，在葡萄种植、葡萄酒加工、葡萄酒营销、产业生态服务四个环节实现数字化转型发展。一期建设内容包括葡萄酒电商综合服务平台、葡萄酒舆情分析系统、葡萄酒智能服务平台、葡萄产业人才服务系统和数字葡萄全产业链运营五大板块。以实现打造创新消费模式、传播葡萄酒文化、提升怀来葡萄酒市场占有率和品牌竞争力、促进怀来葡萄产业人才集聚和发展的目标。

- 3月20日，IBM团队的"怀来县葡萄产业三产融合发展规划"、安永团队的"怀来葡萄酒产业提升战略规划"、奥美团队的"怀来县中国波尔多品牌及营销战略咨询——怀来·酿造一杯时光"全部通过了国家发改委宏观经济研究院专家的最终评审。

- 4月13日，河北省委书记、省人大常委会主任王东峰在一年半的时间里，第四次来到怀来视察工作，指出要高标准做好"湿地+葡萄"产业规划、"世界葡萄酒之窗"景区规划"两个规划"，高起点推进河北葡萄酒研究院建设、"世界葡萄酒之窗"覆土式建筑等"七项工作"，高站位筹办中国怀来首届国际葡萄酒博览会、怀来国际马瑟兰葡萄酒大赛暨中国国际葡萄酒大赛等六项活动，高水平打造一支葡萄酒专业队伍，大力推进葡萄产业一、二、三产业融合发展。

- 4月30日，中共怀来县委、怀来县人民政府印发"怀来字[2020]18号"通知《关于贯彻落实王东峰书记指示精神抓好葡萄产业十项重点工作的行动方案》。为了深入贯彻落实王东峰书记系列指示精神，切实推动工作落实落细，对葡萄产业十项重点工作方案进行充实完善。

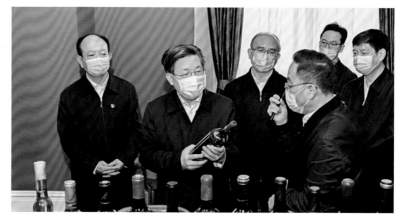

河北省委书记、省人大常委会主任王东峰在怀来县调研检查，省委副书记、省长许勤参加调研检查

- 6月26日，张家口市委书记回建到怀来调研，就落实河北省委书记王东峰关于葡萄产业发展指示精神情况，实地考察了世界葡萄酒之窗工程建设并听取了工作汇报。回建书记对怀来建设的世界葡萄酒之窗及其周边区域功能定位、外立面改造提出明确具体的要求。
- 7月9日，中粮集团董事长吕军到怀来县考察葡萄产业。
- 9月4～6日，主题为"京张福地怀来 美酒沉醉全球"的2020首届中国·怀来国际葡萄酒博览会在怀来恒大国际葡萄酒文化产业园葡萄酒文化展示中心成功举办。展会期间来自阿根廷、法国等全球10个国家和宁夏贺兰山东麓、甘肃等国内10大葡萄酒主产区相聚怀来，总计超过145家品牌企业参展。
- 9月，世界葡萄酒之窗落成，该馆总面积8000平方米，设置基本陈列厅、多功能厅、资料室、文创商品部等功能区，全面展陈推介怀来葡萄产业发展和特色产品，并组织葡萄酒文化交流培训。

参考文献

1. 怀来县地方志编纂委员会. 怀来县志[M]. 北京：中国对外翻译出版公司，2001.
2. 郭其昌. 中国葡萄酒业五十年[M]. 天津：天津人民出版社，1998.

3. 郭松泉,张春娅,郭月. 本色——中国第一瓶干白葡萄酒诞生记[M]. 北京:光明日报出版社,2020.

4. 康德武. 中国葡萄之乡——怀来[M]. 香港:华夏文化艺术出版社,2008.

5. 王恭堂. 白兰地工艺学[M]. 北京:中国轻工业出版社,2001.

6. 孙志军. 中国葡萄酒业三十年[M]. 北京:中国轻工业出版社,2009.

7. 中国葡萄酒信息网http://www.winechina.com

第二篇

怀来
个性鲜明的
中国风土

怀来产区具有独特的风土，拥有悠久的葡萄栽培历史和古代文化，一直在向旧世界（两国农业部长签署于1999年的中法协议）和新世界学习，寻求自身潜力的发挥。我认为，在既定的风土条件下，这一潜力将来自所种植的葡萄品种以及所有种植者的努力。

——史蒂芬·史普瑞尔（Steven Spurrier）
葡萄酒巴黎大赛创办者、Decanter世界葡萄酒大赛（DWWA）
前评委会主席

第五章

怀来葡萄酒风土

"风土"——了解葡萄酒的一道门槛

中国人酿造葡萄酒的历史悠久，且不说贾湖遗址距今9000多年的考古证据，即使从张骞出使西域算起，历史的久远也足够超过任何葡萄酒新世界国家。然而中国葡萄酒产业化起步较晚，真正的产业化发展，通常被认定为改革开放以后的事。纵观世界葡萄酒的发展史，8000多年以来，葡萄酒因其独特性、差异化、多样性而流芳万世；也正是因为这个原因，葡萄酒从原产地传播出来到希腊，到罗马，再到欧洲大陆，并在大航海时代之后，又传播到了葡萄酒新世界。而千百年以来，葡萄酒消费者也一直在寻找具有独特性、差异化的葡萄酒，乐此不疲。

所以，我们可以坚信：中国葡萄酒产业不会因为起步晚而被市场忽视；只要中国葡萄酒有特色，拥有自己的独特性，在世界上总是会有自己的市场地位。换句话说：中国葡萄酒的出路在于自己的特色。

著名的葡萄酒作家Hugh Johnson曾讲过："一款优质的葡萄酒，就是一款值得人们谈论的葡萄酒"。"值得人们谈论"的葡萄酒首先有自己的特色，而这特色就来源于"Terroir"（风土）。"Terroir"在整个葡萄酒世界里被视为优质葡萄酒的起点，这是一个源于法语的单词。喜爱葡萄酒的人都知道其内涵，在中文里被译作"风土"。

"风土"是什么？风土是一个地方特有的自然环境，包括土地、山川、气候、物产等因素和人的风俗、习惯的总称。

然而"风土"并不是一个外来词。

在中国，春秋时代的《国语》中就有表述："是日也，瞽帅音官以风土。廪于籍东南，钟而藏之，而时布之于农。"这里的风土，指一方气候和土地的和谐，并与农事相关。《晏子春秋》则提到："橘生淮南则为橘，生于淮北则为枳，叶徒相似，其实味不同"。元朝的《农书》卷八中也论述了风土与农作物的关系："盖风土所宜，其实大而味甘，非他种可比。""风土"的意思，后来被引申为风俗习惯，并常与"人情"合用成"风土人情"，人的因素，被囊括其中。可以说，中国人对"风土"的认识已久，也很全面。"风土"确是"Terroir"这个法语单词的绝妙汉译。

在世界葡萄酒风土大会上，著名酿酒师Pascal Delbeck提出："风土就像音乐一样，它不能自我表达，它甚至不能自我发现，它需要人的参与。"

显然，"风土"中的人，发掘、集成"风土"中的自然因素，以"特色的葡萄酒"加以展示。Steven Spurrier精辟地描述这种关系"风土迫使我们去表达它，而到了最后，它将会表达作为它的管理者的我们。"

怀来作为一个历史悠久的葡萄种植与酿酒产区，能够傲立于世，也有其"风土"的贡献。

近代最为著名的关于葡萄风土的描述，莫过于汪曾祺先生的《葡萄月令》，说起来跟怀来关系不远——《葡萄月令》里细致地描述了怀来县的邻里地区，一年十二个月里葡萄的种植、培育、采摘、贮藏等有关的"知识"。那段时间汪老先生在张家口农科所下放，后人猜想本该是人生中一段困难的日子，却在他的回忆文字里呈现出那样一派祥和、妙趣横生的景象，不知道是不是因为葡萄呢？

文字中直白地提到了怀来葡萄，并且确切地提到具体的村名——沙营，这也应该算是风土的一种表述方式：越是能够将某个农产品具体地指出其出产的村落，越能彰显其品质的独特。沙营村，就是怀来县出产葡萄盛名的村落。有作家徐迟先生的《葡萄小令》为证。

葡萄小令
徐迟
清明出土，谷雨发芽，立夏出叶，小满开花。
寒露收果，果名秋紫，紫红颜色，酒浆之汁。
全国满名，沙营葡萄，勤加修剪，霜里埋条。
技术精明，素来有名，更要革新，益求先进。

怀来产区地理位置

怀来地处河北省西北部，张家口市东南部，东经115°16′48″~115°58′0″，北纬40°4′10″~40°35′21″，辖域面积1801平方千米，距离北京市中心不到100千米。酿酒葡萄主要分布于沙城镇、土木镇、北辛堡镇、官厅镇、桑园镇、小南辛堡镇、东花园镇和瑞云观乡的山脚或盆地之中。

怀来产区地形与地貌

怀来的地质构造属燕山沉降带，就山地而言，怀来属于燕山山脉，燕山支脉向西北和西南两个方向延伸，北面有大海坨山、燕山，形成了鸡鸣山、八宝山、水口山等山峰，而县域南缘则被军都山环拥，其上有笔架山、广陀山等山峰。以水系划分，怀来地区属于海河流域，境内贯穿永定河、桑干河、洋河与妫水河。怀来的地貌，以形态可以区分为山区、丘陵与河川。

在古地质年代太古代和早远古代时期，现怀来所在的盆地区域被海水覆盖。在古生代发生的一次大的地壳运动——加里东运动后，怀来盆地逐渐露出水面。燕山运动中形成串珠式分布的谷地和盆地，怀来盆地成为其中最大的盆地。盆地两岸堆为冲积平原，海拔500~800米，盆地边缘发育成冲积扇和洪积锥，坡度一般3°~8°。

河川平原主要分布在盆地底部，洋河、桑干河及官厅水库周围，面积为601.53平方千米，占盆地面积的33.4%，海拔在450~850米。

丘陵主要分布在山地与河川平原过渡地带，面积450.25平方千米，占盆地面积的25%。按成因可分为黄土丘和低山石质丘陵。

山地主要分布在盆地南北，面积为749.22平方千米，占盆地总面积的41.6%。北部山地的西部风化严重，虽然海拔较高，但山势较缓。南部山地的东部水蚀切割强烈，海拔虽低，但峰陡谷深。南北两山形成怀来盆地的天然屏障。

怀来产区土质特点

在怀来狭小的区域内，地层复杂，包含有中–上元古界长城系、蓟县系、青白口系的白云岩、石英岩、砂页岩；古生界寒武系的白云质灰岩、砂质灰岩、砂质页岩等；中生界侏罗系的安山岩、砂岩、页岩、煤层；新生界第四系的亚黏土、亚沙土、沙砾石、黄土、灰黑色淤泥等。以及燕山期侵入的花岗岩和其他时期的火山岩。

由于受地形地貌等因素的影响，怀来土壤类型分布有三大特点：一是受地形和母质的影响，从高到低，土壤呈典型的垂直分布；二是受气候和地貌及水文条件的影响，有明显的区域性；三是由于河流和季节性沙河的分选作用，土壤质地由高到低，由远而近，由沙变黏。本地土壤类型分布具有明显的规律性：棕壤土、褐土、草甸土、水稻土、灌淤土、风沙土6个土壤类型，10个亚类，104个土种，其中褐土分布最广。河川地区多为沙壤土，坡地多为风积粉细沙质土壤。

产区内土壤为富钾土壤，其中有效磷62.5毫克/千克、速效钾130毫克/千克、碱解氮55毫克/千克、有机质0.786%、有效铜10.52毫克/千克、有效锌3.84毫克/千克、有效硼0.45毫克/千克、有效铁8.4毫克/千克。

土层具有良好而有效的排水功能，以防止葡萄根系淹水引起氧的阶段性缺乏。土层深厚，上下一致。往往深达数十米，土质不变。葡萄根系的相对活性强，可汲取深层的养分，利于葡萄营养的储存。

怀来瑞云观乡（紫晶庄园）葡萄园土壤剖面

克洛维斯公司（Clovitis）土壤分析结果

怀来葡萄酒局委托克洛维斯公司于2019年11月对怀来主要葡萄种植区的土壤进行取样分析。对土壤粒度、pH、总钙、活性钙、有机质、矿物质等全面检测，对60个土壤样点的数据进行主成分分析，将怀来地区土壤区分为三种类型：壤土、砂土、黏土。

三组土样在0～40厘米表层土壤检测数据的概括分析（Clovitis）

土壤类型	壤土	沙土	黏土
面积：公顷（比例）	1700（60%）	750（26%）	400（14%）
产区位置	土木镇、狼山乡、小南辛堡镇、瑞云观乡南部等中部、高海拔区域	沙城镇、桑园镇、土木、狼山乡、北辛堡镇、东花园镇等东部、中部区域	东八里乡、新保安镇等西部区域
土壤质地	壤土-沙壤土	沙土-粉砂土	壤土-沙质黏壤土
阳离子交换量（CEC）	中	低	高
pH	8.7	8.8	9
有机质/降解性	0.9%/好	0.6%/好	1.5%/有限
总钙/活性钙	低（10%）/低（4%）	很低（2%）/近乎0	低（11%）/中低（7%）
失绿指数	低	无	低（存在一定风险）
磷、钾	低	低	低
镁	很高	很高	极高
缺素症敏感度	缺钾症明显	缺钾症明显	缺钾症非常明显
钠	痕量	稀少	低至中等（局部盐化风险）
铜	痕量	痕量	痕量
锰	均衡	很高	极高

壤土区域

从种植风险性的角度来讲，此组土壤没有明显的特殊性。钾元素含量较低，土壤质地中等，整体肥沃度居中。钙含量不构成实际风险。有机质含量低。壤土可能会使表层土壤或深层土壤出现板结的风险增加。

沙土区域

沙土区域为沙质土，会面临水胁迫的问题，需要注意灌溉。此类型土壤很贫瘠，有机质含量特别低，钾含量也很低。

黏土区域

黏土区域土壤特征较为极端，土壤质地黏重，pH多在9左右（可能会阻碍某些矿物质的吸收），对缺钾非常敏感，在某些土样中存在盐化风险。土壤中有机质含量均衡，但有机质降解性差。钙含量较高，尤其是底层土中含量可能会更高。易于出现土壤板结的问题。

怀来产区气候特点

怀来产区属温带大陆性季风气候中温带半干旱区，气候具有四季分明、光照充足、雨热同季、温差大等特点。一年中，春季常受冷空气影响，天气多变，干旱少雨多风；夏季受太平洋副热带高气压影响，天气温暖湿润，降水增多；秋季随着太平洋副热带高气压的移动，暖湿气流逐渐减弱，西北来的干冷气流加强，天气晴朗变凉；冬季冷空气活动频繁，天气严寒少雪。

然而，由于燕山、太行山等山脉的阻挡，以及盆地周边独特的地形、地貌影响，怀来产区内也形成了多种不同的局地小气候。

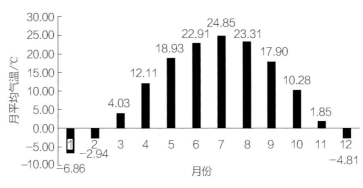

怀来县1988—2018年月平均气温

怀来产区葡萄的生长期集中在4～9月，通常在9月中下旬浆果开始成熟，在9月下旬或10月上旬浆果完全成熟。对葡萄的生长与发育而言，其不同阶段对气温要求并不相同。在春季气温达到7～10℃时，葡萄根系开始活动，葡萄藤开始伤流；当气温上升到10～12℃时，葡萄藤开始萌芽；在新梢生长、开花和结果阶段，适宜葡萄藤生长的温度则为25～30℃。怀来产区年平均气温为10.18℃，4月平均气温为12.11℃，7月平均气温为24.85℃，适宜葡萄生长。产区葡萄生长季节的昼夜温差较大，平均温度差为12.5℃，最高可达15℃，有利于葡萄糖分积累，从而对提高葡萄质量十分有利。

1月份平均气温：河川地区–9～–7.9℃，丘陵地区–14.6～–9℃，冬季葡萄藤需要埋土防寒，日平均气温稳定通过5℃的日期，一般在3月底，此时区域内土壤解冻，葡萄藤开始出土上架；日平均气温稳定通过10℃的日期，一般在4月上旬末期，全年大于等于10℃的积温为3060℃，能够满足大部分酿酒葡萄生长对热量的需求。

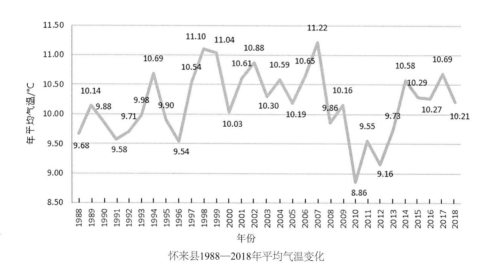

怀来县1988—2018年平均气温变化

从怀来1988至2018年平均气温变化总的趋势可以看出，2007年之前年平均气温呈现前低后高，变化整体相对平稳。但2007年以后年平均气温有较大波动，其中2010年年平均气温降至30年来最低（年平均气温8.86℃），表明了当地气候不同年份之间的温度差异较大。

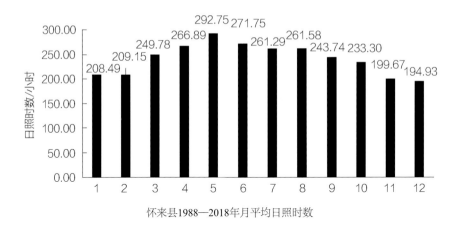

怀来县1988—2018年月平均日照时数

怀来产区空气干燥，大气透度好，光能资源丰富，年太阳辐射能高达612780焦/平方厘米。平均年日照3027小时，日照率68%；葡萄生长季（4～10月）日照1831小时，全年大于等于10℃期间的日照为1618小时，加之海拔较高，紫外线和蓝紫光丰富，与良好的通风条件相结合，对葡萄的光合作用十分有利，尤其有利于葡萄花青素的合成，所以怀来盆地栽培的葡萄果实色泽艳丽，香气浓郁。

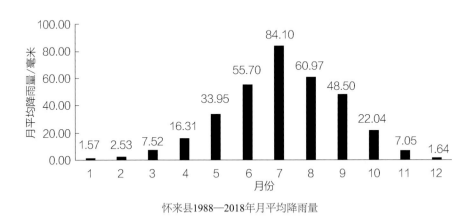

怀来县1988—2018年月平均降雨量

怀来产区年降水量在228～653毫米，年平均降水量为342毫米。对种植葡萄来说降雨量明显不足。怀来产区降水量在年内分布不均，降水主要集中在6～9月，占全年降水量的72.9%。最大降水量在7月，占全年降水量的24.6%；最小在1月，降水量仅占全年降水量的0.46%。按季度划分，第一季度降水量最少，仅为全年降水量的3.4%，说明春旱严重，需要灌溉；第四季度次少，占全年降水量的8.99%；第二季度降水量明显增多，占全年降水量的31.0%；第三季度降水量最多，达全年降水量的56.6%。怀来地区降水量还呈现区域性差异：南北的山区降水量多，而河川地区降水量少，尤其是官厅水库以东地区降水量更少。怀来地区年蒸发量达2099毫米，空气干燥度好，利于葡萄病虫害的防控。

与其他产区相比，怀来盆地6、7、8三个月的平均降水量高于法国的波尔多，少于国内主产区山东大泽山、河北昌黎等地，而在成熟期的9月，降水量只有42.5毫米。成熟期降水较少，有利于葡萄果实的健康成熟和品质的提升。

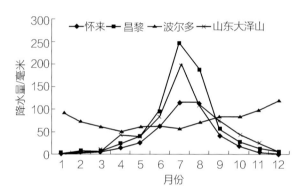

波尔多、昌黎、山东大泽山、怀来年降水量分布

怀来产区自然降水尚且不能满足葡萄周年生长之需，尤其是月份分布不均，因此，需要人工灌溉。怀来产区地表水资源比较丰富，地下水资源为1.25亿立方米，区域内多年平均径流量为1.15亿立方米，过境水年均为8.16亿立方米。

比较有名的河流：桑干河、洋河在该区域汇合称为永定河，最终汇入海河。桑干河：发源于山西省境内宁河县，流经涿鹿县到怀来境内与洋河汇合。怀来县境内河段全长2.1千米，在夹河村与洋河汇合后称为永定河。洋河：由发源于内蒙古自治区的东洋河、西洋河和发源于山西省境内的南阳河在怀来县汇合而成。怀来县境内河段全长21.59千米，流经鸡鸣驿、大黄庄、西八里，在夹河村与桑干河汇合后称为永定河。永定河是洋河、桑干河在怀来县境内桑园镇夹河村汇合后形成，流经沙城、桑园、官厅进入官厅水库。境内河段全长41千米，湖区上游21.5千米，拦河坝以下19.5千米。

河谷风

由于南北两山夹一川的特殊地形的影响，怀来盆地常年盛行河谷风。以桑洋河谷、官厅水库为中心的河谷地带，大风次数多，平均风速大，所以近年来，这里修建了一些风力发电设施，当地著名的天漠景观的形成，也是由于携带沙土的大风，沿着河谷地区由北向南而来，遇到南部山脉的阻挡，风速减弱，沙土沉降而成。在山水之间逶迤着一道金灿灿的沙丘，绵延起伏十余里，占地超过1000多亩，甚为奇特壮观，人称"天漠"。官厅湖东南沿岸南马场一带，是风速最大，大风次数最多的地带。沿河谷向南、向北的丘陵、山地，由于有山峦的屏障作用，风速相对小。河谷风在葡萄生长季形成干热气流，使怀来盆地地质地貌直接影响到局部的气候，晴朗日数多，阴雨天数少。

由于受山川的影响，怀来局部地区夏天也会发生冰雹灾害，因此当地葡萄种植者很早就开创了防雹网下种植葡萄的特殊方式，形成了当地一道景观。

从酿酒葡萄栽培的角度评估怀来气象条件

在大陆性气候的影响下，中国大部分地区处于温带和副热带，地形复杂，春秋季节天气多晴朗无云，气温日差较大，冷空气活动较频繁。春季升温快，但不稳定，不断有冷空气发生南下，出现倒春寒天气；冬季风的北撤和夏季风的北进过程，往往要经历较长一段时间，几经反复才能完成，致使春季天气乍暖乍寒，变化很大，往往伴有霜冻，秋季降温迅速，且时间较短。

酿酒葡萄在整个生长季的水分需要呈动态变化，花期如有大量降水，则直接影响受精和结果，进而影响经济效益。生长季大量降水，会导致葡萄植株旺盛的营养生长，对浆果的品质也有影响。在显著的大陆性季风气候影响下，全国大部分地区雨热同季。因此在确定区划指标时，选择生长季的干燥度作为区划的水分指标。生长季干燥，果实成熟季也相对干燥，绝对降水量相对比较少。

中国学者李华、火兴三通过研究提出，以无霜期和葡萄生长季干燥度指数作为评价酿酒葡萄产区气候的主要指标。将无霜期≥160天（30年平均值，且在30年中无霜期<150天的次数不超过3次）作为中国酿酒葡萄栽培的热量最低限

（区划北界）；而将葡萄生长季干燥度作为中国酿酒葡萄区划的水分指标（区划南界）。

　　按照这个标准，怀来葡萄酒产区位于这两个边界的中间地带，气候温和。

　　王蕾等在此基础上，对全国2294个不同气象站点气象数据，通过将活动积温图层、无霜期图层与干燥度图层叠加，绘制中国葡萄气候区划图。以活动积温为一级区划指标，无霜期和干燥度为二级区划指标，将中国葡萄适宜栽培区分为A，B，C，D 4区。

中国葡萄气候区划分区标准（王蕾，李华，王华）

分区	活动积温/℃	无霜期/天	干燥度
不适宜	<2500	—	—
A	≥2500	<160	≥0.6
B	≥2500	≥160	≥1
C	≥2500	≥160	0.6～1
D	≥2500	≥160	0.25～0.6

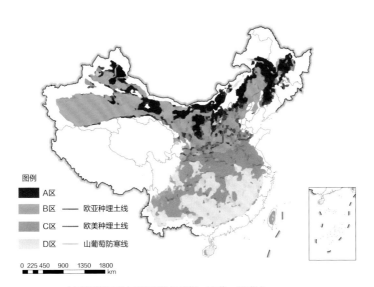

图例
- A区
- B区　—— 欧亚种埋土线
- C区　—— 欧美种埋土线
- D区　—— 山葡萄防寒线

0　225 450　　900　　1350　　1800
km

中国葡萄品种气候区划（王蕾，李华，王华）

将酿酒葡萄适宜栽培区划分为4区12亚区，并对每个亚区进行了适宜栽培品种的推荐。怀来产区属于"温暖半湿润区"，该区葡萄成熟期也较长，果实糖酸比适中，酚类及香气物质积累较多，十分适合生产酿酒葡萄。

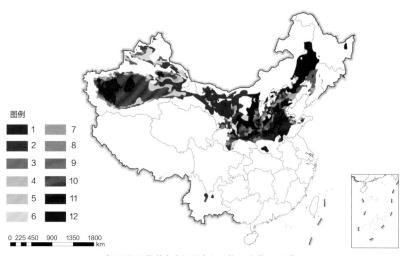

中国酿酒葡萄气候区划（王蕾，李华，王华）

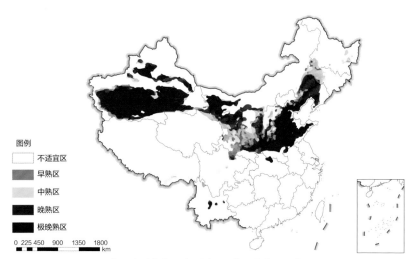

中国酿酒葡萄品种区划（王蕾，李华，王华）

怀来产区独特的地形地貌、适宜的气候造就了优良的葡萄与葡萄酒产区。产区具有热量丰富，昼夜温差大，太阳光辐射强，无霜期长，年降雨量偏低等气候特点及土壤的良好渗透性、排水性和自然肥力，这些条件都有利于葡萄生长。

与海滨地区相比，怀来光热资源更为充沛，空气干燥度好；与大西北干旱地区相比，怀来气候相对温和。多年的实践结果显示，怀来产区葡萄品质优良，含糖量高、含酸量适中、色素和香味物质发育充分、成熟良好、病虫害轻，形成了中国独具特色的葡萄酒产区。

怀来产区主要种植的酿酒葡萄品种

红葡萄酒品种		白葡萄酒品种	
赤霞珠	Cabernet Sauvignon	霞多丽	Chardonnay
梅鹿辄/美乐	Merlot	龙眼	Longyan/Dragon eyes
马瑟兰	Marselan	雷司令	Riesling
蛇龙珠	Cabernet Gernischt	贵人香	Italian Riesling
西拉/西拉子	Syrah/Shiraz	小芒森	Petit Manseng
品丽珠	Cabernet Franc	长相思	Sauvignon Blanc
小味儿多	Petit Verdot	赛美蓉	Semillon
黑皮诺	Pinot Noir	威代尔	Vidal
丹魄	Tempranillo	琼瑶浆	Gewürztraminer
小西拉	Petit Sirah	维欧尼	Viognier
仙粉黛/增芳德	Zinfandel	胡桑	Roussanne
桑娇维赛	Sangiovese	阿拉奈尔	Aranelle
佳美	Gamay	白诗南	Chenin Blanc
马尔贝克	Malbec	灰皮诺	Pinot Gris
烟73/74	Yan 73/74	白玫瑰香	Muscat Blanc
马奎特	Marquette	白玉霓	Ugni Blanc
		鸽笼白	Colombard
		白福尔	Folle Blanche

1. 卢诚，于海森，王洪江. 沙城葡萄产区怀涿盆地的形成及地质地貌特性[J]. 中外葡萄与葡萄酒，2009（07）:49-50.

2. 董健霖，刘俊，田勤科，等. 怀涿盆地大风发生规律的调查研究[J]. 河北林业科技，2011（03）:22-23.

3. 许颖，唐海萍. 河北怀来盆地近60年气候变化特征及其影响[J]. 北京师范大学学报（自然科学版），2015（03）:293-298.

4. 李建忠，赵海江，郭金河. 怀来近55年气温变化分析[J]. 安徽农业科学，2010，38（15）:7965-7967.

5. 陈代，李德美，战吉宬，等. 温度和日照时间对河北怀来霞多丽葡萄成熟度指标的影响[J]. 中国农业科学，2011，44（3）:545-551.

6. 郝岩，柳刚，杨名扬，等. 怀来县葡萄优质高产的农业气象条件分析[J]. 种子科技，2019，37（05）:116-117.

7. 张耀. 气候变化下京津冀地区温度和降水的趋势分析[D]. 北京：华北电力大学，2016.

8. 火兴三. 中国酿酒葡萄气候区划指标体系及区域化研究[D]. 陕西杨凌示范区：西北农林科技大学，2006.

9. 李华，火兴三. 中国酿酒葡萄气候区划的水分指标[J]. 生态学杂志，2006（09）:1124-1128.

10. 王蕾，李华，王华. 中国葡萄气候区划Ⅰ:指标与方法[J]. 科学通报，2017，62（14）:1527-1538.

11. 王蕾，李华，王华. 中国葡萄气候区划Ⅱ:酿酒葡萄品种区域化[J]. 科学通报，2017，62（14）:1539-1554.

第六章

怀来葡萄酒品鉴

深刻理解一个葡萄酒产区，必须从品鉴、识别该产区葡萄酒开始。得益于发达的商业手段，葡萄酒爱好者可以很便利地在世界任何角落品鉴自己想要品鉴的葡萄美酒——尤其是怀来葡萄酒更是如此，因为其价格往往比较合理，消费者也会愿意为其买单。

怀来出产的葡萄酒包含了中国目前所有的葡萄酒产品类型，是品鉴葡萄酒的绝好"教材"。

尽管葡萄酒品鉴与葡萄酒品尝的表述存在些许差别，但是习惯上两种表述也在相互通用。通过葡萄酒的品尝可以获得物质与精神的双重享受，有时候还带有艺术的成分；专业的品酒师，应用感官品评技术评价酒的质量，指导酿酒工艺改进、酒体和风味设计以及判断酒的贮存。品酒师要求具有敏锐的感知能力、良好的记忆、丰富的经验和准确的表达能力。

普通消费者通过学习和培训也可以获得这些能力。在科学、合理的方法指导下，可以起到事半功倍的效果，感知葡萄酒的美好。

一、关于葡萄酒品尝

葡萄酒品尝是识别葡萄酒质量的一种方法，这是葡萄酒消费者或者酿酒工作者判断葡萄酒质量的基本方法。以人的感官，对葡萄酒的外观、香气以及滋味获取直接的认识，并与品尝者大脑中已经记忆的葡萄酒质量标准进行对比并做出判断，进而对葡萄酒的质量做出评判的一种方法。因此，利用感官评价葡萄酒的质量所获得的结论的可靠性（与事实的吻合程度），很大程度上取决于评价人员的感官灵敏度及其在葡萄酒品尝方面积累的经验。

对于葡萄酒消费者，说出自己"喜欢"或者"不喜欢"，就已经足够了，毕竟，葡萄酒的消费是一种很自我的个性化消费，消费者强调自我感受是无可厚非的。

二、葡萄酒品尝的作用

"品尝"可以给出理化分析提供不了的感觉。

现代科技飞速发展，精密仪器以及分析方法层出不穷，可以将葡萄酒中物质成分精确地进行检测分析，但是，对于葡萄酒品质的评价，利用各种仪器的理化分析是远远不够的。作为一种商品，除了需要了解其物质成分以外，葡萄酒的滋味感受是无法用仪器分析检测的，必须进行直接的感官接触，方能获得认知。比如我们熟知食盐具有咸味，但是很少有人能说出2%盐水对于自身的咸感到底是什么程度？实际上，这种咸度对于绝大多数人来说是——过咸了，而这种滋味感受必须通过品尝方能知晓。

三、葡萄酒品尝的主题

品尝葡萄酒应当进行充分的准备，方能顺利进行。比如主题选择，样品收集与准备，场地与设施条件等，都会影响到品尝的效果。

1. 品尝主题的选择

以怀来葡萄酒品尝主题为例。

（1）葡萄品种　将来自不同酒庄相同的葡萄品种所酿造的酒一起品评：赤霞珠、美乐（梅鹿辄）、蛇龙珠、品丽珠、西拉、马瑟兰、霞多丽、雷司令、小芒森等。

（2）产区　将怀来产区不同区域出产的酒一起品评：土木、桑园、东花园、瑞云观、小南新堡、官厅等。

（3）水平年份　将相同背景不同酒庄出产的同一年份的酒一起品评。

如果组织怀来葡萄酒水平年份品鉴，2008年以后的年份相对容易组织。

（4）垂直年份　通常是某酒庄出产的同一款，但是连续不同年份的酒一起品尝。这种品尝的方式很容易组织，如中法庄园可以组织2004年以来的垂直年份品鉴。

2. 样品收集与准备

确定品尝主题后，对所收集的样品进行登记并编号，登记信息需要包括以下方面：生产商、品名、类型、品种、年份、产地、酒精度、瓶容量等；登记之后的酒样在品评前要进行温度处理，使之在品鉴时达到适宜的温度。

四、葡萄酒适宜的品尝温度

不同类型的葡萄酒因为香气浓郁度、糖度、酸度以及单宁含量不同，需要在特定的温度条件下才能呈现出其最佳风味。不同类型怀来葡萄酒适宜品尝的温度建议如下所示。

不同类型怀来葡萄酒适宜品尝的温度

葡萄酒的类型	怀来葡萄酒举例	适宜温度/℃
甜酒	艾伦酒庄小芒森	6~8
起泡酒	桑干酒庄起泡酒	6~8
酒体较轻的白葡萄酒	长城龙眼干白、迦南诗百篇雷司令	8~10
中等酒体的白葡萄酒	桑干酒庄雷司令、紫晶庄园晶灵霞多丽	10~12
桃红	贵族低度桃红 马丁龙眼桃红	8~10 10~12
中等酒体的红葡萄酒	马丁蛇龙珠、紫晶庄园品丽珠	14~16
酒体厚重以及陈年的红葡萄酒	长城五星干红、家和美乐、迦南诗百篇西拉、中法庄园珍藏马瑟兰	15~17
白兰地	长城白兰地	16~20

中国长城葡萄酒公司出品的龙眼干白
（中国第一瓶干白葡萄酒）

龙眼葡萄酿造的白兰地

五、葡萄酒的酸甜苦涩

在葡萄酒中能够品尝到甜、咸、酸和苦味。每种感觉都由对应的物质引起。

甜：糖、酒精和甘油产生的味感。

酸：各种酸产生的味感。

苦、涩：葡萄酒中的无机盐对酸、苦和涩味具有影响。

干燥、粗糙感：多酚类物质具有收敛性，给人干燥和粗糙的感觉。

味感物质及其作用

味感	味感物质	作用
甜味	葡萄糖、果糖、乙醇和甘油	构成葡萄酒柔和、肥硕和圆润等感官特性的要素
酸味	酒石酸、苹果酸、柠檬酸，以及发酵产生的琥珀酸、乳酸和醋酸等	适量的酸味物质是构成葡萄酒爽利、清新（干白、新鲜红）等口感特征的要素 酸度过高：葡萄酒粗糙、刺口、生硬、酸涩 酸度过低：葡萄酒柔弱、乏味、平淡
咸味	无机盐和少量有机酸盐（来自葡萄原料和工艺）	通常大部分葡萄酒中不明显，正常的怀来葡萄酒不具有咸味
苦涩味	多酚类物质会产生苦味，常常与涩味（收敛性）相伴随。酚类物质可以分为两类：类黄酮和非类黄酮	酚类物质赋予葡萄酒苦涩味，也对颜色、酒体和风味有重要作用

六、葡萄酒品尝的条件准备

1. 葡萄酒品尝需要适宜的环境条件

采用自然光或者日光灯；远离噪声源；空气新鲜无任何气味；以20～22℃和60%～70%空气相对湿度为宜。

2. 参加品尝的人员

不能进食气味浓重的食物，如含有洋葱、大蒜、大葱、韭菜等或者麻辣等食物，不能使用香水或气味浓烈的化妆品。

3. 葡萄酒品尝的酒具

葡萄酒品尝使用标准品酒杯。通常，收口的玻璃杯都是可以接受的。

φ（46±2）mm
（0.8±0.1）mm
φ（65±2）mm
（100±2）mm
总高度：（155±5）mm
总容积：（215±10）mL
（55±3）mm
φ（9±1）mm
杯柱
酒杯基座
φ（65±5）mm

标准品酒杯

不同酒杯用于品尝不同的酒

七、葡萄酒品尝的技巧

1. 持杯

持杯的基本原则就是手不接触盛酒的杯身部位。

正确的持杯方式

桑干酒庄传统法起泡葡萄酒

年　份：2006年
品　种：霞多丽
酒精度：12%vol
桑干酒庄（怀来沙城）

2. 外观观察

（1）观察流动性与起泡性　手持杯托或杯脚，轻轻转动杯身，让酒液按照一个方向转动，观察酒液的流动性（或者称为稠度），流动性好，说明酒体薄或者酒精度高，流动性差说明酒体厚，或者含糖量高。比如桑干酒庄雷司令流动性比艾伦酒庄小芒森好，或者说艾伦酒庄小芒森比桑干酒庄雷司令稠度高，主要是二者糖分含量的不同带来了这种视觉效果差异。

桑干酒庄雷司令
年　份：2017年
品　种：雷司令
酒精度：12%vol
桑干酒庄（怀来沙城）

艾伦酒庄小芒森
年　份：2018年
品　种：小芒森
酒精度：10.7%vol
糖　度：160克/升
艾伦酒庄（怀来小南辛堡）

（2）观察颜色　一定要选择一个白色的背景，将酒杯倾斜观察葡萄酒的色泽。

①白葡萄酒的颜色：同一款白葡萄酒，很年轻时会泛青绿色，随着酒龄增加，黄色调逐渐加重直至琥珀色。长城龙眼干白（2018）近似无色，迦南诗百篇雷司令（2018）为浅禾秆黄色微微泛青绿色，紫晶庄园晶灵霞多丽（2012）呈禾秆黄色，艾伦酒庄小芒森（2018）呈浅金黄色。

②桃红葡萄酒：贵族庄园低度桃红（2018）呈玫瑰红色，马丁酒庄龙

紫晶庄园晶灵霞多丽
年　份：2012年
品　种：霞多丽
酒精度：13%vol
紫晶庄园（怀来瑞云观）

眼桃红（2018）呈玫瑰红带有橙色调（洋葱皮红色）。

贵族酒庄坤爵5°桃红
年　份：2018年
品　种：美乐
酒精度：5.6%vol
糖　度：120克/升
贵族酒庄（怀来土木）

马丁酒庄桃红
年　份：2018年
品　种：龙眼
酒精度：8%vol
糖　度：55克/升
马丁酒庄（怀来桑园）

③红葡萄酒：同一款红葡萄酒，很年轻时往往呈现鲜亮的紫红色，随着酒龄增加，紫色调逐渐减弱，棕色调逐渐加重。

马丁酒庄蛇龙珠（2015）呈明亮宝石红，中法庄园马瑟兰（2013）呈深紫红色，家和酒庄绽放美乐（2017）呈深宝石红色。

马丁酒庄蛇龙珠
年　份：2015年
品　种：蛇龙珠
酒精度：13.5%vol
马丁酒庄（怀来桑园）

家和酒庄绽放美乐
年　份：2017年
品　种：美乐
酒精度：14.5%vol
家和酒庄（怀来桑园）

3. 闻香

闻香识酒，需要区分静置闻香和摇杯后闻香。

（1）静置闻香　拿到盛有酒样的酒杯后，在摇动酒杯前，将鼻子置于杯口正上方，轻轻吸气，感受酒样的主体香气。紫晶庄园晶典品丽珠（2013）静置闻香时，主要是香草、烟熏以及焦糖香气；迦南诗百篇西拉（2014），静置闻香，具有明显的香草、香料气息。

（2）摇杯后闻香　将酒杯按照一个方向转动3～5次，使酒液沿着酒杯内壁转动，然后将鼻子置于酒杯内闻香，此次主要应关注刚才第一闻未曾感受到的香气。摇杯后紫晶庄园晶典品丽珠（2013）明显地出现甜椒、紫罗兰以及红色水果香气。摇杯后迦南诗百篇珍藏西拉（2014）出现胡椒、李子以及甘草香气。

迦南诗百篇珍藏西拉

年　份：2014年
品　种：西拉
酒精度：12%vol
迦南酒业（怀来东花园）

紫晶庄园晶典品丽珠

年　份：2013年
品　种：品丽珠
酒精度：13%vol
紫晶庄园（怀来瑞云观）

4. 品尝

在品尝一种含有酸甜苦咸多种味觉的混合溶液时，这些味觉并不是同时被感知的。不同味觉刺激反应的时间不同，而且它们在口腔中的变化也不同。

基本味觉的反应速度和感觉强度的变化如下页图所示。

总之，人对于不同呈味物质的刺激，在感觉时间上和感觉强度上都有差异。根据实验结果，这种差异变化的时间约为12秒。所以，葡萄酒入口后，在口腔中停留12秒左右，才能了解其味感在时间上的连续变化，这就是葡萄酒品尝的"12秒理论"。

中法庄园马瑟兰初入口有微甜感，随后出现单宁的收敛以及骨架感，回味带有甘草、荔枝香气。长城五星赤霞珠入口感觉强劲，单宁在口腔中冲击感明显，直到尾味，贯穿着单宁的紧致。

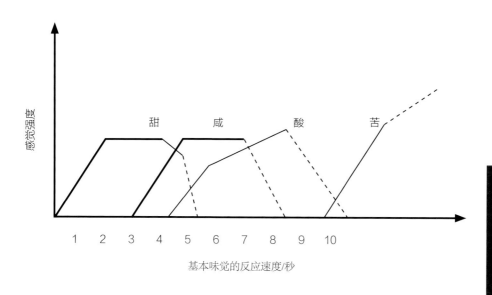

甜　　　　咸　　　　酸　　　　苦

基本味觉的反应速度/秒

长城五星赤霞珠
年　份：2016年
品　种：赤霞珠
酒精度：14%vol
中国长城葡萄酒公司（怀来沙城）

中法庄园珍藏马瑟兰
年　份：2013年
品　种：马瑟兰
酒精度：14.5%vol
中法庄园（怀来东花园）

5. 余味

　　把葡萄酒咽下去或者吐出时所获得的感觉，称为尾味或后味，因为在咽下去或者吐出葡萄酒后，口中的感觉并不会立即消失，口腔、咽部、鼻腔中还会充满葡萄酒或者其蒸汽，先前引起的感觉不是马上消失，由于延迟性反应会继续存在，逐渐消失。

八、评语

通过视觉、嗅觉与味觉，充分接触葡萄酒样，对于酒样的感官特点有了充分的认识，可以说品尝已经基本完成，但是为了交流与记录，还需要将已经形成的感觉进行符号化与标准化——评语与打分。

九、2020年2月28日中国葡萄酒品鉴会（伦敦）

品鉴记录人：Steven Spurrier。

该品鉴记录是在很短的时间内对每款酒品鉴后个人感觉的记录，以用于交流。

品鉴时并没有给每个酒款系统打分，下文记录的20/100，是在活动结束后补加的，不是一个严格的评分。

1. 马丁酒庄龙眼干白2018，河北怀来

雅致的银白色；柔和的如甲州葡萄的香气，花香多于果香；精致不失坚实的口感，美妙地呈现出阴柔之美，充满魅力。18/93

2. 迦南酒业诗百篇雷司令2018，河北怀来

淡黄色；充满花香，柔和；跳跃、轻盈，可能是葡萄藤年轻，如果是这样，可以对这个园子充满期待，收尾紧实，带有矿物质感。17/90

马丁酒庄三地名庄305
龙眼干白（2017）

迦南酒业诗百篇雷司令
干白（2018）

3. 中法庄园珍藏干红（2014），河北怀来

　　54%美乐，32%赤霞珠，14%品丽珠。

　　深红色；很好的波尔多风格，果味充沛，彰显着温暖的气候，深邃的果味融合了橡木；口感中有着自然的活力，多汁却又亲和，很好的一款酒。18.5/95

中法庄园珍藏干红（2014）

4. 中法庄园珍藏马瑟兰（2013），河北怀来

　　色泽浓郁，新鲜无陈化感；与上一款风格截然不同，显然从波尔多风格转到了朗格多克，带有温暖及香辛感，有棱有角。马瑟兰一般认为是个调配的好材料，单独使用复杂度不充分，然而这款酒是一个很好的尝试。17.5/92

中法庄园珍藏马瑟兰（2013）

关于马瑟兰（Marselan）

马瑟兰是诞生在1961年法国的一个人工培育的葡萄品种，是在Paul Truel教授的主持下，由INRA、ENSAM两个法国研究机构，利用赤霞珠作为母本，歌海娜作为父本杂交选育而成。培育地点在两家研究机构的实验性酒庄Vassal，该酒庄所在小镇的名字叫Marseillan，由此得到Marselan（马瑟兰）之名。当时的育种目标是为了获得高产、出酒率高的品种，马瑟兰因为果粒偏小（相同种植条件下，比赤霞珠果粒明显偏小）、出汁率低而未被加以推广利用。

1990年，马瑟兰因为具有优异的抗白粉病、灰霉病、落果病以及粉螨病害能力而被列入生产推广品种，但是仅限于朗格多克、南罗讷河谷等地区，用于非AOC葡萄酒的酿造。马瑟兰是一个中晚熟品种，适合光照充足、干燥、排水性好的环境生长。其果穗大而果粒小，使其在获得较高葡萄产量的同时，能够获得更大比例的葡萄皮，而得到更深的颜色、浓郁的香气和更多的单宁。酿出的酒芳香浓郁，颜色深重，单宁柔顺，具有较好的陈年潜力。因为这些特性更符合现代酿酒理念，马瑟兰逐渐被推广到法国以外的意大利、葡萄牙、西班牙、阿根廷、保加利亚、克罗地亚、巴西以及美国等。

1999年中法签订葡萄种植与酿酒示范项目时，法国专家组将马瑟兰列在推广品种名单，2001年第一批马瑟兰在中国怀来安家落户，2003年中法庄园在中国第一次采收马瑟兰酿造葡萄酒。得到的葡萄酒为深紫红色，具有浓郁而新鲜的果香，口感多汁甜美，因为法国专家坚持认为，这是一个仅能用来调配的葡萄酒

世界马瑟兰日海报

马瑟兰葡萄酒

（vin d'assemblage），所以第一个年份并没有出品单一品种马瑟兰；但是，马瑟兰优异的品质，获得了中国葡萄酒从业者的青睐，2004年中法庄园项目中方负责人力排众议，灌装出了中国第一瓶单品种马瑟兰葡萄酒。马瑟兰在中国被广泛引种，种植面积位居法国之后，排世界第二，其影响力巨大。目前，在中国出产干红葡萄酒产区都有种植，是中国引进酿酒葡萄品种中推广最快的品种。

马瑟兰叶片

马瑟兰果实

当我们谈论马瑟兰葡萄酒的时候，全世界都认为这是"中国葡萄酒"。怀来已被视为最优秀的马瑟兰产地。这就正如人们把波尔多与赤霞珠等同并联系起来一样。波尔多用了几百年才获得这种国际上的声誉，中国和怀来用了不到20年的时间。这在葡萄酒的历史上，是一个世界纪录。

——国际著名葡萄酒作家
庄布忠（CH'NG Poh Tiong）

马瑟兰在怀来再次验证"本土葡萄无先知"这句古老的谚语。马瑟兰在中国的重视与崛起，和在法国由于受行业制度约束而发展缓慢形成了鲜明的对比。事实上，马瑟兰的发展路程与法国的其他葡萄品种有着相同之处。"你只需要看看马尔贝克都经历了什么，它又是如何征服全世界的。许多人会说，阿根廷的马尔贝克，乌拉圭的丹娜特，智利的佳美娜，将来有一天我们也会说中国的马瑟兰。"

——卜度安·哈佛（Baudouin Havaux）
布鲁塞尔国际酒类大奖赛组委会（CMB）主席

第七章

名人笔下的怀来

Huailai, the Standard-Bearer
怀来，中国葡萄酒行业的旗手

卜度安·哈佛（Baudouin Havaux）

　　从北京到怀来一路见到的风景，是我在中国所见到最美的风景之一。沿着蜿蜒曲折却干净平整的山路一路向前，穿过郁郁葱葱的林海，当闻名于世的中国长城乍然出现在视野中时，巨大的情感震撼包裹了我。远远望去，长城像一条巨龙盘旋在绵延起伏的崇山峻岭之中，向我展示着这一伟大的世界遗产，讲述着几个世纪的故事和中国祖先的文化。

　　河北省怀来县位于北京的西北"大门"，被誉为"中国北方地区著名的葡萄酒产区"。它不仅是"中国葡萄和葡萄酒的摇篮"，也是中国最早引进种植马瑟兰的产区。有考古证据显示，1200多年前怀来地区就已经有了葡萄的种植，一直到1976年，中华人民共和国第一瓶干白葡萄酒也诞生于此，采用的是当地葡萄品种：龙眼。再次，怀来产区在中国葡萄栽培史上发挥着先锋作用。1997年，中法两国开展农业合作，最终确定在怀来建立中法合作葡萄种植与酿酒示范农场。也正是如此，开启了马瑟兰葡萄品种在中国的种植。2001年，第一株马瑟兰种植在中法庄园的园子里。经过4年的风土适应，2004年，在李德美教授的精心关注下，中法庄园酿造出了第一款中国马瑟兰单品种葡萄酒。当时谁又能知道，中国葡萄酒种植史上的新篇章正在怀来产区开启？

　　怀来产区是中国葡萄栽培文化的守护人，也同时与其他产区共同分享，互相帮扶。当我们参观当地的葡萄园和酒庄时，我们会强烈地感受到这些丰富悠久的传统和充满活力的现代化之间形成的鲜明对比与冲击。当地政府并没有安于现有的突出成就，相反，他们力求保持该地区在酿造技术发展上的领导地位。也许就目前来说，怀来产区还并不是中国最大和最重要的葡萄酒产区，但是，规范化管理的葡萄园，具有世界先进技术和高科技的酒窖，前卫的酒庄设计和独具艺术氛围的品酒室，这一切都不是偶然发生的。近几年，怀来产区的葡萄酒在布鲁塞尔国际葡萄酒大奖赛上屡次荣获大奖，这是对该产区葡萄酒优质品质的有力证明。也许因为毗邻首都北京，让它拥有了非常优秀的研究人员和专家，专业的高校与研究机构，能和全国各省乃至全世界实现非常便利的交流和联系，这些也许是解释怀来葡萄酒产区在栽培和酿造方面拥有先进技术的原因。

有趣的是，马瑟兰，这一来源于法国南部的葡萄品种最终由中国成就了它，并让它登上了世界的舞台。在很长一段时间内，马瑟兰在法国一直是受忽略的葡萄品种，但是中国的"风土"却挖掘出了马瑟兰的贵族气质。怀来的种植师和酿酒师与来自地球另一端的法国农业研究院（Institut de Recherche Agronomique，INRA）的研究人员在中法庄园合力栽培出了这个杂交品种。马瑟兰这一新品种在怀来产区的突出表现，以卓越的品质和声誉立刻享誉全中国，并成功让其成为中国葡萄园中最崇高的葡萄品种之一。能与魅力四射的波尔多葡萄品种（赤霞珠、品丽珠和美乐）抗衡并不是一件容易的事情。长期以来，我们都觉得中国产区是一个模仿者，各个产区都力争酿造"中国的波尔多"，赤霞珠、品丽珠和美乐这些波尔多葡萄品种在中国葡萄园被广泛大量种植，却似乎没有去探究这些品种是不是最适合中国风土和气候的葡萄品种。今天，通过在各项国际葡萄酒大赛中屡获大奖一次次证明了，马瑟兰单酿在葡萄酒市场上独树一帜，它在国际葡萄酒市场上没有直接的竞争者。马瑟兰在中国的发展，使中国葡萄酒具有了自身的独特性，并让中国葡萄酒在竞争激烈的国际葡萄酒市场中脱颖而出。

1961年在法国南部蒙彼利埃附近的瓦萨尔庄园（Domaine de Vassal），保罗·特鲁尔（Paul Truel），一位法国农业科学研究院的研究员，培育出了由赤霞珠和歌海娜杂交的马瑟兰。在那个时期，法国每年人均消耗100升葡萄酒，必须有高产量才能满足庞大市场的需求。虽然马瑟兰毋庸置疑地证明了生产优质葡萄酒的能力，但是却因为它的产量没有达到人们预期的原因，因此第一时间没有被重视和推广开来。

"让时间来证明马瑟兰"。

作为单一酿造品种的马瑟兰，如同其他伟大的国际葡萄品种一样，它们会有一个共性：可以适应不同的风土。它可以被种植在炎热和潮湿的气候环境下，甚至随着时间的推移，我们发现在潮湿和极端潮湿的环境下，它也能保证其出品的品质。它的果皮较厚，果穗略松散，所以能够很好地抵抗多种病害。即便在它成熟度不高的情况下，没有柔和的单宁，但是它果香充沛、口感饱满，也一样令人折服和喜爱。

正是马瑟兰的这些优点吸引了怀来的酿酒师，一旦有一天，他们对马瑟兰的判断得到了证实，马瑟兰也将再次验证"本土葡萄无先知"这句古老的谚语。马瑟兰在中国的重视与崛起，和在法国由于受行业制度约束而发展缓慢形成了鲜明的对比。事实上，马瑟兰的发展路程与法国的其他葡萄品种有着相同之处，"你只需要看看马尔贝克都经历了什么，它又是如何征服全世界的。许多人会说，阿根廷的马尔贝克、乌拉圭的丹娜特、智利的佳美娜，将来有一天我们也会说中国的马瑟兰。"

未来

怀来葡萄酒产区拥有一切在中国和世界葡萄酒板块上脱颖而出的先决优势和条件——独特的葡萄栽培历史文化，中央的地理位置，先进的酿造技术设施和当地政府的大力支持。最关键的是，它是"中国马瑟兰的摇篮"，这是其他中国产区无法比拟的。由于低调和谦逊，怀来葡萄酒产区在国际上还没有一定的知名度。但是将来，怀来葡萄酒产区有可能成为中国马瑟兰的中心，首届国际马瑟兰大奖赛将很快宣布在怀来葡萄酒产区举行，一系列的国际宣传和交流将很快为怀来葡萄酒产区带来一定的国际知名度。在这种国际交流和对话中，国际公约将有可能提上日程，世界上第一座马瑟兰葡萄酒博物馆、马瑟兰葡萄酒酒吧都有可能在怀来修建，这势必推动一个伟大的葡萄酒旅游产区的发展。

怀来葡萄酒产区除了发展其自身的地区形象以外，还应该承担起国家使命，承担起马瑟兰作为中国国家标志葡萄品种的责任。这应该也是可以委任给怀来葡萄酒产区的一个国家发展战略目标。

作者简介：

卜度安·哈佛（Baudouin Havaux），1961年出生于比利时，1987年毕业于法国波尔多葡萄酒酿造学院，硕士，现任比利时布鲁塞尔国际酒类大奖赛（Concours Mondial Bruxelles，CMB）主席。

年轻时代的卜度安受父亲路易·哈佛（Louis Havaux）先生的影响，喜爱农业工程学科，大学毕业后选择了葡萄酒、烈酒的酿造专业继续深造，并且取得了欧盟认可的从业资格证。1988年，他来到了智利，智利富饶的土地和丰富的农产品吸引了他，他选择了在农业发展和合作部工作。1989年，出任F.A.O.墨西哥官方项目的特邀专家，主要是为联合国粮食与农业组织服务。1991年，卜度安返回比利时，出任由他父亲创办的布鲁塞尔国际酒类出版集团（Vinopres）暨布鲁塞尔国际酒类大赛组委会的副总裁。2019年，其被授予圣埃美隆骑士会（La jurade de Saint-Emilion）红衣骑士头衔。

WINE IN HUAILAI – WHAT TO EXPECT?
怀来葡萄酒，对它有何期望？

史蒂芬·史普瑞尔（Steven Spurrier）

李德美先生正准备编写一本书，是关于怀来葡萄酒产区的，他请我为此撰文，开始时的反应是，我对此产区一无所知，何当此任？他给我发来了一份资料，内有关于这个产区的一些基本信息，第一个小标题就是"独特的风土"。

"风土"在整个葡萄酒世界里被视为优质葡萄酒的起点。休·约翰逊（Hugh Johnson，著名葡萄酒作家，《葡萄酒的故事》和《世界葡萄酒地图》作者，编辑注）认为，"一款优质的葡萄酒，就是一款值得人们谈论的葡萄酒。"，这个说法不错。优质葡萄酒有其特色，而这特色就来源于风土。实际上，问题并没有这么简单。2016年，我与国际葡萄酒学院（l'Academie Internationale du Vin，AIV）的其他成员一道，出席了一个大会，这个大会在西班牙的杜罗河产区边上具有历史意义的天使之堤（Abadia Retuerta）酒庄里召开，会场中"向风土致敬"的一条横幅赫然在目。在波尔多出生的帕斯卡·德尔贝克（Pascal Delbeck），自天使之堤酒庄25年前创立以来就一直担任其首席酿酒师，他在开幕致辞时说："风土就像音乐一样，它不能自我表达，它甚至不能自我发现，它需要人的参与。"那一天的主题是"人类是如何影响风土的？"格里农侯爵（Marques de Grinon）酒庄的卡洛斯·法尔科（Carlos Falco），是西班牙单一园葡萄酒"Pago"概念背后的主要人物，他的回答是"通过知识和愿望"。在那次大会之后，我一直在思考，风土迫使我们去表达它，而到了最后，它将会表达作为它的管理者的我们。

风土是一个集大成的概念，包括表土、底土、气候、日照以及许多其他因素，这些因素将影响葡萄酒的生产，当然了，葡萄酒就是用种植在那里的葡萄酿造而成的。在勃艮第，经过数个世纪的试验和纠正，毫无疑问，如今已经很清楚，当地优质的红葡萄酒，只能酿自黑皮诺。但如果你要问一个沃尔奈（Volnay）村的酒农，他酿造的是否为黑皮诺，他会回答说"不是"，他酿造的是"沃尔奈"。在附近的玻玛（Pommard）村，在同一天里种植的嫁接在同一砧木的

（与沃尔奈村相同的）同一品系的黑皮诺，用它来酿造的葡萄酒，称为"玻玛"，而不是黑皮诺。沃尔奈村或沃恩–罗曼尼（Vosne-Romanee）村的风土，让黑皮诺寻找到了两种最完美的表达，它们事实上是不可分离的伙伴，最终的主导者就是风土。葡萄品种与风土的搭配，如今成为了可能，这要归功于以往的知识和持续的研究，所以人们知道所期待的会是什么。但人们无法确切地知道和面对这些"已知的未知"，从怀来的风土里，可以期待的实际上会是什么？

优质的葡萄酒需要具有产地的感觉。法国的法定产区制度于20世纪30年代始创自教皇新堡产区，其基础就是数十年甚至更长时间里，由不同产区里已被接受的做法所形成的规章。这些产区规定了哪些葡萄品种可以种植，以什么样的方式种植，最低的酒精度是多少，最高的单位产量是多少，但关键词仍是"来源"——产地来源的法定名称（Appellation d'Origine Controlee）。怀来产区具有独特的风土，包括拥有悠久的葡萄栽培历史的古代文化，一直在向旧世界（签署于1999年的中法协议）和新世界学习，寻求自身潜力的发挥。我认为，在既定的风土条件下，这一潜力将来自所种植的葡萄品种。

其中一个广为种植的品种是龙眼，这是一个传统的本地食用葡萄品种，在成熟的时候果皮为浅红色，也用来酿造白葡萄酒。我最近在伦敦品尝过一款马丁酒庄2018年份的龙眼葡萄酒，它很迷人，其雅致的花香让我想起了日本的一个葡萄品种——甲州（Koshu）。毫无疑问，像甲州葡萄酒那样，龙眼葡萄酒也将会呈现出许多种不同的风格，在我看来，它的优势在于：它与其他干型的白葡萄酒不同，并正如人们所希望的，品种的特色非常鲜明。如果人们都认为，一款酿得好的葡萄酒一定是果香充盈的，那我在此基础上所追求的，就是"特色"和"和谐"。龙眼葡萄酒两者兼备。葡萄园在海拔450～850米的高度上，使得温和的气温主导了干燥的气候，因此，像霞多丽、雷司令、长相思那样经典的白葡萄品种，也会有良好的表现。因为很多葡萄酒消费者都知道这些葡萄品种以及它们的风格和风味，在酒瓶的正标上，应突出品种的名字。

对红葡萄酒来说，种植得最多的是享誉世界的赤霞珠。这个品种浓厚的果香和精细的单宁，从来都有着良好的表现；当下，在葡萄酒越来越年轻就被饮用的情况下，需要果香占据支配地位，而单宁又可以满足中期的也可以是长期的陈年。同样来自波尔多家族的是美乐、蛇龙珠（佳美娜）、品丽珠（我最喜欢的品种，在吉伦特的海洋气候之外，通常表现更好），而小味儿多的颜色总是较深，有辛香的气息。像在波尔多一样，这个葡萄品种家族内彼此混酿的表现都是不错的，因此，我们就要把目光从风土转移到酿造上了。所有有点名气的波尔多酒庄，都有自己的酿酒师，他们与葡萄种植师关系密切，一个最好的例子就是已故的保罗·庞大利（Paul Pontallier），他从1985年起在玛歌酒庄酿造了30个年份，已经成为了传奇。然而，这些有名气的酒庄，也都聘用了酿酒顾问，米歇尔·罗兰（Michel Rolland）活跃在右岸，雅克（Jacques）和埃里克·布瓦斯诺（Eric Boissenot）活跃在左岸，斯蒂芬·德农古（Stephane Dererencourt）则往来于左右两岸，这些酿酒顾问帮助每个酒庄完成最后的调配。在怀来产区，各个酒庄的酿酒车间，均设备精良，人员充足，它们的作用至关重要。罗曼尼-康帝酒庄的奥伯特·德·维兰（Aubert de Villaine）在被问及他何以能酿出如此伟大的葡萄酒时回答："我只是在葡萄成熟的时候把它们采摘下来，其他的什么都没做。"可以这样回答问题的酒庄没有多少个。穆萨酒庄（Chateau Musar）是黎巴嫩的标志性酒庄，其伟大的庄主瑟奇·霍查尔（Serge Hochar）坚持认为，要让正在成熟的葡萄酒自然发展，他的说法是"我们什么也没做，我们所做的是让一切都有条不紊。"

在我看来，混酿对波尔多葡萄品种是有好处的，但对黑皮诺和西拉则不然。全世界的黑皮诺爱好者一直都在寻找这一脆弱的品种新的表达方式，这一品种曾被形容为"唯一让失败可以接受的品种"，人们渴望看到它在对大多数人来说都是未知的一个地区的表现。至于西拉，葡萄酒爱好者分成了两派，有人更喜欢北罗讷河谷（欧洲）的风格，有人则更喜欢更活跃的澳大利亚等新世界的风格。此时，我们就要回到决定了风格的风土和气候上来了，酿造只在橡木的使用上发挥作用。两种风格都能找到许多的支持者。

这又让我想到了马瑟兰，一个由保罗·特鲁尔教授于1961年在南法创造的赤霞珠和歌海娜的杂交品种，这个品种在2001年被引进中国。李德美先生在2003年就酿造了第一款马瑟兰葡萄酒，他在想办法让马瑟兰将来成为中国的标志性品种；事实上，这个品种具备了实现这一目标的所有条件。简而言之，结实的赤霞珠和肥美的歌海娜，把它们放在一起混酿，其结果是很奇怪的，但它们的杂交品种在葡萄园里的表现却是杰出的。如今，马瑟兰已在法国南部（Midi）和南罗讷河谷产区大量种植，它还在世界各地——从意大利托斯卡纳的马雷玛（Maremma）到乌拉圭——找到了不错的归宿。在中国，它没有什么不行的理由吧？然而，怀来产区应该避免"标志性的葡萄品种"的诱惑，只消想一想，长相思、美乐和马尔贝克，几乎让新西兰、智利和阿根廷变成了"单品种国家"，从而让人们不再在意它更为广泛的其他葡萄品种。尽管如此，我还是主张尽可能地种植马瑟兰，因为它在大多数葡萄酒爱好者的搜寻范围之内，而人们的注意力也会很快地转向这个以马瑟兰而取得了特别的成功的产区。

　　总的来说，全世界的葡萄酒产区，都像椅子一样，有四只脚：风土+气候+葡萄品种+酿造，怀来产区也不会例外。过不了多久，我将能品尝到越来越多的来自怀来产区的优质葡萄酒——非常值得谈论的葡萄酒，对此，我充满信心。

作者简介：

史蒂芬·史普瑞尔（Steven Spurrier），伟大的酒评家、葡萄酒作家。全球最具影响力的葡萄酒杂志*Decanter*（醇鉴）原编辑顾问，Decanter世界葡萄酒大赛评委前主席，创办了葡萄酒图书馆。

史蒂芬扬名于他在1976年创办的"巴黎品酒大赛"（Judgement of Paris Tasting），也是通过这次活动，他将美国纳帕产区推向世界。他因为善于发现葡萄酒新产区而被称为"葡萄酒界伯乐"。

A VINEYARD IS A CLASSROOM
葡萄园就是个课堂

庄布忠（CH'NG Poh Tiong）

一个葡萄园，不管是在波尔多、勃艮第、教皇新堡、巴罗洛、桑塞尔，或是在怀来，它就是一个课堂。

凡是成功的葡萄酒生产者（或庄主）和酿酒师，都会认为他们自己就是这个课堂里的学生。

在葡萄园里，葡萄藤就像是学校课堂里的孩子。有的葡萄藤表现好一些，有的则不然。即使品种是一样的，仍有高下之分。

在一片葡萄园内，在某些地块或位置，葡萄藤会长得好一些，这与若干因素有关，比如，土壤的构成、海拔、光照，以及对恶劣气候的天然屏障。

并不是只有葡萄藤才会对这些因素如此敏感。种植在房子周围的果树或开花植物，其生长情况也会因其生长的地点和方式而不同。

葡萄园里的学生，即葡萄酒生产者和酿酒师，也是这样。正如有些葡萄藤会长得比别的好一些，有些葡萄酒生产者和酿酒师也会比另外一些更聪明。

要成为一个优秀、非常优秀乃至伟大的葡萄酒生产者和酿酒师，有两项技能是最重要的：感知能力和识别能力。两者之中孰先孰后并不重要，因为它们是重叠的。当一个人具有感知能力的时候，同时也是有识别能力的；反之亦然。

我想要指出的是，一个伟大的葡萄酒生产者和酿酒师并不总能生产出一款伟大的葡萄酒，而可能只能生产出一款优秀的或者是非常优秀的葡萄酒。所生产的葡萄酒不能达到伟大的级别，这与他们的能力无关，但与他们赖以酿酒的资源有关。

这就是说，葡萄酒生产者和酿酒师仍然是伟大的，只是他们的葡萄园和所能使用的其他资源仅能生产出一款优秀或是非常优秀的葡萄酒。他们所做的，已把葡萄园或风土之所能发挥到了极致。有此功力的葡萄酒生产者和酿酒师是伟大的，因为他们在自然条件的限制下已发挥得不能更好了。

但相反的事情也是可能发生的。

你可能拥有一片伟大的风土，或者说，一片伟大的葡萄园，但葡萄酒生产者或（和）酿酒师却把酒酿得一塌糊涂。通常的原因是：太迟采摘，让葡萄过分成熟了；浸皮时间过长，从而萃取过度；使用了太多的新橡木桶，并在葡萄酒不再需要太多装饰就更好的情况下，还让它待在橡木桶里。之所以说感知能力和识别能力是葡萄酒生产者和酿酒师所需要的最重要的素质，原因正在这里。

如果在你的葡萄园里，一个品种经常性地难以成熟，那你就要认真地考虑两个选择了：其一，另种别的品种。其二，如果你继续种植此品种的话，不要使用任何新的橡木桶，这样的话，该品种所表达出来的雅致的果味就能够充分一些。你不能二者同时兼得，得做出一个选择。

如果人声是优雅和甜美的，比如说，像邓丽君那样的，你会让这声音淹没在嘈杂的背景音乐里吗？

当一款葡萄酒，无论是红的还是白的，木桶味盖过了果香，那么在瓶中几年之后，这样的葡萄酒尝起来就会像是"橡木汁"。事实上，就红葡萄酒而言，你可以只靠来自葡萄皮和葡萄籽的单宁，就能酿出一款品质不错的（且便宜的）酒来。不过，你还是得小心翼翼，因为如果葡萄不是很成熟的话，来自葡萄皮和葡萄籽的单宁也是会很生涩的。

就长远而言，比起来自橡木桶的单宁，来自葡萄皮和葡萄籽的单宁总能更好地融合到葡萄酒中去，毕竟后者原本就是葡萄的一部分。

让我们回到先前的话题上：拥有一片伟大的葡萄园，却酿出了很糟糕的葡萄酒。我对波尔多极为熟悉，尝过那里的一些被糟蹋了的葡萄酒，酿造这些葡萄酒的葡萄来自很不错的、很好的甚至是伟大的葡萄园。那些酒庄的庄主或（和）酿酒师简直就没有能酿出更好的葡萄酒的感知能力和识别能力。或者，他们对此根本就毫不在乎。

智慧比知识更重要。智慧让我们区分出什么是重要的而什么是不重要的。你可以在互联网上获得知识，但你永远不可能仅靠使用Wifi技术就能发现智慧。想要变得睿智，你得思考、反思，以耐心和谦逊的态度提出问题。

我有幸认识并受教过的已故的让·伯纳德·德尔马斯（Jean-Bernard Delmas，1935—2019），他是葡萄酒的伟大的学生中的一位，是梅多克1855年分级的一级庄侯伯王酒庄（Chateau Haut-Brion）传奇的首席酿酒师。

THE GREAT HAUT-BRION MISSION
侯伯王酒庄的伟大计划

侯伯王酒庄的葡萄园占地49.8公顷，46%种植了美乐，42%种植了赤霞珠，11%种植了品丽珠，1%种植了小味儿多。侯伯王酒庄同时还酿造少量的白葡萄酒（每年550~650箱；红葡萄酒是8500~10200箱），种植白葡萄品种的2.9公顷的葡萄园中，52%是赛美蓉，48%是长相思。

让·伯纳德·德尔马斯（Jean-Bernard Delmas）是1961年接班他的父亲乔治·德尔马斯（Georges Delmas），成为了首席酿酒师的，让·伯纳德在完成2003年份的酿造工作之后，于2004年退休，而他的继任者就是他的儿子让·菲利普（Jean-Philippe）。我第一次见到让·伯纳德，大约是在30年前，当时他告诉了我一个在他们那个一级庄里实施的令人难以置信的项目。

"在1970年，侯伯王酒庄开启了一个项目，在我们的葡萄园中寻找可能的最好的葡萄酿造可能的最好的葡萄酒。"

如此重要的要付出一生努力的工作，自然不能一蹴而就。让·伯纳德进一步告诉我，事实上，他们为此准备了9年才正式起步。

"到了1979年，我们已经在侯伯王酒庄的葡萄园内收集了大量各种葡萄藤的品系，于是实验就开始了。"

品系之多，令人震惊！

"加起来，赤霞珠有160个，美乐有120个，品丽珠有40个。甚至没那么知名的波尔多品种的品系，比如科特（Cot）或马尔贝克、小味儿多和佳美娜，都收集了。"让·伯纳德向我阐述。

对每一个单一的品系，有5株葡萄藤（仅赤霞珠就有800株）被标识并单独采收，它们的汁液被分开进行分析，测量其糖度和酸度。侯伯王酒庄有自己的实验室，技术人员对每一品系的200粒葡萄进行清洁和擦干处理（光赤霞珠就有32000粒），然后进入发酵浸皮阶段。三周之后，技术人员分析其色度和单宁的含量。

在超过40年的记者生涯中，我还没有在波尔多或世界上的其他酒庄，看到过有人在对葡萄园进行研究和学习方面做得如此极致。

在漫长的鉴别不同品种的最优品系的过程中，侯伯王酒庄还发现了，在他们的葡萄园，什么位置最适合种植什么品种。这样的信息是非常珍贵的。

更多的实验还在后头。

下一步就是把所有不同的葡萄，以5~6kg为一小组，在一个玻璃坛子里进行发酵。发酵后的酒液装入375mL瓶内，9个月后，定期对之进行品尝（交错间隔），以了解每一个品系的陈年潜力。用这种方式，数年之后，最好的品系便被挑选出来了，并用在葡萄园有计划地更新种植。

让·伯纳德在50年前所做的事情，应该是任何一个拥有葡萄园、酿造葡萄酒的人必须学习的。

一个最好的学生，不会害怕从零开始，不会害怕从头起步，而且，也绝不会走捷径。

A BOTTLE IS A TUTORIAL
一瓶葡萄酒就是个导师

就像葡萄园就是个课堂，我们从中可以学习到很多东西，一瓶葡萄酒也能传递给我们很多信息。

一位葡萄酒生产者和酿酒师每一次打开自己的葡萄酒，都不只是为了把它喝了，而是为了向它学习。一瓶葡萄酒，就像是一个导师。

为了让导师发挥作用，我们在品试葡萄酒时必须得非常诚实，要勇于承认在整个生产过程中我们是否做出过错误的决定。

我们采收太迟或太早了吗？浸皮需要那么长的时间？我们现在品饮着的是果汁还是橡木水？在这一点上，请不要给自己找借口，说什么"这酒还太年轻了，还没到适饮的时候"，因为一款伟大的葡萄酒，即使还很年轻，就像每年期酒试饮时拿出来的才6个月的拉菲罗斯柴尔德那样，其果味还是很明显的。

在我品尝过的所有波尔多伟大的年份中，包括1900年、1919年、1928年、1945年、1947年、1959年和1961年，它们都完全没有任何新橡木桶的味道。在我品尝过的10多个19世纪的年份中，也是这样的。

使用橡木桶，是用它来储存葡萄酒，而不是要把它的味道加入葡萄酒当中。橡木并不能让葡萄酒变得美味。果味，才是我们品饮葡萄酒的理由。

不要把酿造（或说陈酿）赤霞珠的方法用在马瑟兰、西拉或其他品种上。不同的品种对同一处理方式的反应是不同的，就正如你会用不同的方式与不同的朋友交谈，以不同的办法来激励不同的员工，以不同的方法鼓励不同的孩子（假如你有不止一个孩子的话）。

在葡萄酒中有过多的橡木味，这就有点像中国的川菜，有许多人错误地认为越辣越好。事实上，现在的川菜是如此之辣，以至于我们都尝不出来那道菜里头用的是哪一种蔬菜或哪一种肉了。

中国
怀来
HWAILAI
WINE REGION
与葡萄酒

TIME IN A BARREL
在橡木桶里的时间

我有一个建议，把数瓶酒（同一葡萄品种的）摆在一边，它们是：

（1）没有使用橡木桶的。

（2）在橡木桶中陈酿3个月的。

（3）在橡木桶中陈酿6个月的。

（4）在橡木桶中陈酿9个月的。

（5）在橡木桶中陈酿12个月的。

依此类推。

每半年品尝这些葡萄酒，看看你喜欢的是哪一款。然后，你就能知道不同的品种需要在橡木桶中陈酿多长时间了。同样，你也可以准备上几瓶同样的酒，它们分别在新的和旧的橡木桶中陈酿，通过品尝，你就可以发现你更喜欢用新的还是旧的橡木桶陈酿了。

你可以获得许多导师的指点。如果你能在品饮自己酿造的葡萄酒时获得重大的发现，那我向你表示祝贺。

HUAILAI'S CRUCIAL CONTRIBUTION
怀来的重要贡献

在中国的葡萄酒产业中，怀来占有特殊的地位。

一个由法国农学家保罗·特鲁尔（1924—2014年）于1961年创造的新葡萄品种，在中国首先种植在怀来。这个具有历史意义的试验，是在中法合作的示范葡萄园里，由其首席酿酒师李德美监理的，他已成为了这个品种的积极推广者。

如今，当我们谈论马瑟兰葡萄酒的时候，全世界都认为这是"中国葡萄酒"。这是何等的荣誉。

怀来以及中国的其他产区，如今已被视为最优秀的马瑟兰产地。这就正如人们把波尔多与赤霞珠等同并联系起来一样。

波尔多用了几百年才获得这种国际上的声誉，中国怀来用了不到20年的时间。

这在葡萄酒的历史上，是一个世界纪录。

作者简介：

庄布忠（CH'NG Poh Tiong），新加坡华人，著名葡萄酒评论家、专栏作家。

庄布忠的母亲祖籍是广东顺德，父亲是福建泉州惠安。庄布忠为律师出身，并在伦敦大学亚非学院获得中国艺术研究生证书。苏格兰威士忌"执杯者协会"会员。

1991年创办了《葡萄酒评论》（*The Wine Review*），2000年创办全球最早的中文版《波尔多葡萄酒概览》。作为葡萄酒专栏作家，其为《精品酒世界》《富隆美酒生活》、*Hugh Johnson Pocket Wine Book*、《醇鉴》等杂志撰稿，并且是《世界百大中餐厅》一书作者。

庄布忠先生也是日本甲州葡萄酒专家委员会主席，醇鉴世界葡萄酒大赛（DWWA）区域主席，醇鉴亚洲葡萄酒大赛（DAWA）评委副主席，新加坡世界烈酒大赛评审总监，新加坡最大超市品牌NTUC FairPrice/Finest葡萄酒顾问。

Huailai Wine County & Australian Wine - Contrasting Histories
怀来与澳洲：历史的比照

安德鲁·凯拉（Andrew Caillard，葡萄酒大师）

在河北省西北部的怀来产区正在展开的葡萄酒故事，与中国社会和文化的发展息息相关。这里邻近首都北京，历史丰富多彩，由此带来了非常多的可能性，让其名声经久不衰，故事言说不尽。尽管在葡萄栽培和葡萄酒酿造上存在着不少独特的挑战，但一个产区在优质葡萄酒的领域取得成功，这在世界上有不少先例可循。许多用以应对这些挑战的葡萄酒酿造理念和技术，已成为传统。而这些传统，往往定义了产区的特征、本色和格调。

在怀来，可能早在唐朝就有葡萄种植了。很明确的是，原生的葡萄品种白牛奶和龙眼已有超过1200多年的种植历史。然而，现代的葡萄酒酿造是1974年才开始的，科学的研究和对新的农业发展路向的探寻，开启了这一新时代。1976年，在怀来的沙城酒厂使用现代的酿酒技术，保留了葡萄的新鲜和纯净，酿造出了第一款中国的干白葡萄酒。中国打开国门与西方世界接触，带来了新的项目，1999年，在怀来靠近八达岭长城附近的地方，建立了中法葡萄种植及酿酒示范农场。该产区引进了蛇龙珠（可能就是佳美娜）、赤霞珠和西拉等品种以及后来的马瑟兰，反映了消费者对红葡萄酒品种的需求。在过去的40多年里，这个产区以各种方式扩张，以满足其经济潜力和更多人的雄心壮志。在其他农业和工业产业发展的同时，建立了新的酒庄和葡萄园。因为邻近首都，郊外度假区和房地产也发展起来了，并形成了广泛的配套设施。所有的这一切，创造了机会也带来了挑战。

2010年，我拍摄纪录片《红色情结》（Red Obsession）的时候，访问了"中法庄园"这个项目，那一带的景色、道路和村庄如今仍历历在目。在春夏之交葡萄生长的季节，葡萄园及四周的乡下富沃、安静、青绿；而到了晚秋和初冬，便是一片忙碌的景象了，颜色也变成了各种层次的灰。季节的并置就像色彩理论一样，强化了夏季和冬季的特征。

尽管气候有很大的差异，但澳大利亚和中国的葡萄酒产业有许多历史意义的相似之处。尽管中国的文明史悠久长远，而白人在澳大利亚定居的历史只能追溯至1788年，然而，澳大利亚早期定居者的雄心壮志仍是一个值得一提的故事，能为怀来葡萄酒未来的发展提供有价值的参考。

新南威尔士州第一批殖民时期的葡萄园，大约于18世纪80年代至19世纪20年代初在悉尼、莱德（Ryde）和帕拉马塔（Parramatta）附近建立。新的殖民地沿着澳大利亚的东海岸建立。菜园和葡萄园于1804年在塔斯马尼亚州的里斯登湾（Risdon Cove）也出现了，之后于19世纪30年代又出现于维多利亚州的菲利普港附近。许多殖民时期的葡萄园都建在靠近人口中心的地方，但那时候的葡萄酒酿造则是很初级的。从英国来的定居者对葡萄种植和葡萄酒酿造并不是很熟悉，于是他们引进了专家来帮助他们。专家们大多来自法国和德国，但他们对澳大利亚的气候和地理特征并没有充分的了解。失败、小小的成功、试验、犯错，如是几十年，逐渐形成了对未来的新的信心。

格雷戈里·布莱斯兰（Gregory Blaxland）于1823年为他的葡萄酒赢得了英国皇家艺术与制造学会（Royal Society of Arts and Manufacture）颁发的金奖，这真是鼓舞人心。1788—1840年，殖民时期的葡萄酒产业在许多挑战中挣扎求生存，这些挑战包括虫害和病害、不合适的葡萄品种、葡萄园管理不善、酿造技术不精。但这些早期的努力非常重要，为后来的现代葡萄酒产业打下了基础。

1832年，一位名叫詹姆斯·巴斯比（James Busby）的年轻行政官员到法国和西班牙旅行，带给澳洲一批经典的欧洲葡萄品种，这些葡萄品种种植于悉尼植物园、猎人谷的科克顿（Kirkton）和悉尼南部的麦克阿瑟家族的卡姆登（Camden）苗圃。1837年，在这批葡萄品种之外，又增加了一批波尔多品种，包括赤霞珠。这些殖民时期的葡萄成为了澳大利亚葡萄酒产业的"基因"，19世纪40～60年代在整个澳大利亚繁衍、传播。新葡萄园在包括猎人谷、吉隆、雅拉谷、维州中部、阿德莱德、巴罗萨谷、麦克拉仑谷和克莱尔谷地区出现。这批建立于19世纪40年代末、50年代和60年代的葡萄园，有的保留到现在，成为了澳大利亚葡萄酒独特性和差异性的基础。虽然根瘤蚜虫害在1875年也侵袭了澳大利亚，但仍有些葡萄园或地区幸免于难。南澳大利亚一直没有遭遇根瘤蚜虫害，因为那里在1877年就建立起了出色的检疫隔离制度。

在19世纪90年代，中国新的葡萄酒产业发展也遇到了类似的挑战。山东省的酒庄从欧洲引进了葡萄藤，这跟澳大利亚的情况类似。许多早期的品种反映了当时的思潮和风尚。这些品种包括蛇龙珠（佳美娜）、赤霞珠等。差不多20年前在悉尼担任葡萄酒拍卖师时，笔者见到过一瓶20世纪30年代产于哈尔滨的路特沙姆酒（Röter Shaumwein），酒标上是德语和日语。欧洲商人的大量涌入、德国犹太人逃离排犹的政府及其他外部的影响，改变了中国葡萄酒的状况。但多数的葡萄酒企业都没有成功，这是因为葡萄的生长条件不佳、经济下滑，又或是因为还有其他需要优先发展的领域，包括食物的生产。

澳大利亚的葡萄酒产业在19世纪50年代的时候还是小农户作业，但蒸汽机时代让其在19世纪70年代发展成为了一个工业化的产业。蒸汽动力和汽油引擎，在葡萄园和酿酒企业里得到应用。像哈迪（Hardy）、奔富（Penfold）、沙普酒庄（Seppeltsfield）、德宝（Tahbilk）、卡琳娜（Kalimna Vineyard）、奥菲尔山（Mt. Ophir）等企业，得以扩大生产规模，并借助铁路和蒸汽船把产品迅速地运送到市场。他们的许多葡萄酒都以大桶（300升）为单位销售和运输——这些大桶在那个时候就是葡萄酒的标准运输容器了。

在中国，新的现代葡萄酒产业于20世纪70年代起步，投资者与法国和澳大利亚的顾问们合作，发展新的葡萄园和葡萄酒酿造技术。当地人在冬季期间把葡萄藤埋入土里，这样，葡萄藤就不会在寒冬中被冻死。不锈钢桶、现代的压榨技术、热交换装置、清洁的葡萄酒酿造方式也引进到了中国。从法国还引进了大型的酒桶。追随当时的潮流，大部分新种植的葡萄都是时尚的国际品种，特别是波尔多品种（尤其是赤霞珠）和勃艮第品种。就像澳大利亚在19世纪时那样，中国人指望着法国和德国能够向他们提供应对其面临的挑战的答案，然而，许多专家其实并不充分了解这里的气候条件或文化标准。有些思想开明的中国专家和酿酒师到了法国或澳大利亚，学习波尔多或巴罗萨谷的酿酒技术。掌握了高超技艺的酿酒师从欧洲学成归国，他们对中国葡萄酒酿造的想法更符合情理且更为务实，李德美教授就是他们当中的一员。

19世纪50年代维多利亚和新南威尔士的淘金热极大地改变了澳大利亚社会。位于维多利亚中部和东北部以及新南威尔士的矿区吸引了包括来自中国和美国的探矿者。除了人口迅速增长和国内新市场的形成，这一热潮还导致了行政上的改革。在这些人口中心和市场附近，建立起了殖民者的新葡萄园。随着黄金和财富的诱惑掏空了城市、乡镇和农业区的男性人口，其他原有的葡萄酒产区，包括巴罗萨谷和麦克拉仑谷，失去了大量的劳动力。因为所有人似乎都不见了，1852年的阿德莱德葡萄酒展览会被破天荒地取消了。然而，淘金热所带来的财富，标志着一段时间的繁荣，标志着一个向前迈进的现代社会的开始。

科学、技术以及澳大利亚葡萄酒先驱者们的开放心态，造就了一个组织良好、勤奋进取的葡萄酒行业。但经济和政治的挑战对行业的发展造成了极大的影响。19世纪90年代和20世纪30年代的大萧条、第一次和第二次世界大战，均令人焦虑和悲伤，但这个行业仍获得了生存和发展的机会。到了19世纪末，澳大利亚的先驱者们相信，他们可以酿造出纯正的葡萄酒了；而这个时候，由于受到根瘤蚜虫害的影响，法国葡萄酒大量掺假，所谓法国葡萄酒其实是掺杂了西班牙、葡萄牙、匈牙利和意大利酒的葡萄酒。

在中国，21世纪初的繁荣同样产生了类似淘金热的心态。所有的葡萄酒生产国都相信，中国的葡萄酒市场就是一个"理想中的黄金国"（El Dorado）。一时之间，波尔多的葡萄酒商人备受上海和北京等地消费者的追捧，货如轮转。富裕的买家大举购入列级庄（特别是波尔多一级庄）的葡萄酒。拉菲和木桐成为了一种符号性的葡萄酒，在接待客户时代表着地位的尊贵和身份的重要。但是，2012年后一系列严厉的措施改变了这一景观，让人们重新关注中国葡萄酒的未来。掌握了更多技能的本地力量，他们对葡萄种植的具体挑战有更深的理解，对环境的适应能力较强。市场也接受了更广泛的普通消费者。在其他的销售渠道不畅的时候，社交媒体平台和在线销售得到发展。有些中国的葡萄酒公司，把目光投向了澳大利亚和智利的散装葡萄酒，希望用以改善自己的产品，而这又重提了一个1883年就在讨论的话题：法国葡萄酒的真实性和纯粹度问题。

1924年的"出口鼓励法案"让澳大利亚的酒庄可以在英国市场上与西班牙和葡萄牙的强化葡萄酒竞争。这是澳大利亚对葡萄酒业进行补贴的一个例子，它让这个国家葡萄酒生产的重心从干型的佐餐红葡萄酒向强化葡萄酒转移。澳大利亚的"波特酒"和"雪莉酒"大量进入了英国市场，并且逐步取代了这个繁荣市场对澳大利亚佐餐葡萄酒的需求。这种经济刺激手段在商业上是成功的，但它在长达数十年的时间里，抑制了澳大利亚成为优质葡萄酒生产国的潜力。

当新的欧洲移民来到澳大利亚时（尤其在20世纪40年代末和50年代），这个国家的社会发生了永久性的变化。随着城市的扩大，对佐餐葡萄酒、新鲜食物和蔬菜的需求快速增长，餐厅和咖啡馆激增。葡萄酒成为了新的现代澳大利亚文化的重要组成部分，尽管啤酒和烈酒仍然还很重要。

新的住宅发展压力导致了这样的结果：一些澳大利亚早期的葡萄园被铲除了，这包括了奥丹娜（Auldana）和在阿德莱德玛戈尔（Magill）的葛兰许（Grange）葡萄园。随着城市的扩大，这种情况从19世纪中期一直到后期，在悉尼和墨尔本也存在。但这种压力同样也给巴罗萨、克莱尔谷、麦克拉仑谷和库纳瓦拉带来了更多的投资，兴建开发了新的基础设施和葡萄园。20世纪60年代出现的精品酒场景，推动了猎人谷和雅拉谷等老葡萄酒产区的复兴。马格丽特河地区，过去主要是生产乳制品的，在20世纪60年代中期也开始生产葡萄酒。奔富葛兰许也是在这个时候成名，被所有澳大利亚人推崇，其形象价值不可估量。葛兰许从艰难起步到成功的故事，反映出澳大利亚作为一个不断进步的和伟大的葡萄酒生产国的自信。

城市化和工业化也促使中国葡萄酒产业把目光投向更远的地方，以适应房地产开发和人口的扩张。工业和燃煤发电造成的污染，弥漫在天空，威胁到了葡萄藤的生长。这是一个考验，整个农业都要面对，它还在继续，最终将迫使地方政府对排放做出规定，或者用新的技术来应对。在许多方面，中国的葡萄酒业都达到了一个阶段，这个阶段类似于20世纪60年代的澳大利亚，试验和错误开辟了新的可能性和方向。

1875—1899年，南澳大利亚的政治人物中许多人对农业颇为关心，做了一件正确的事情：实施了严格的检疫措施，以保护当地的葡萄酒产业。当2020年的丛林大火肆虐阿德莱德的山区之际，当地社区和政府合作，对酒庄和葡萄园的主人实行援助。许多酒庄因为干旱和烟雾的污染，今年还没有采收（注：2020年5月初）。在澳大利亚，没有一家酒庄会愿意向市场推出一款不能达到良好商业标准的葡萄酒。每一个酿酒师都为其作品而自豪，这就是质量标准、智慧和经验代代相传的结果。

回望历史就会很清楚，澳大利亚葡萄酒产业的成功，是因为其在每一个年代，总是能适应各种压力和挑战，并把握住了机会。水源、抗旱和可持续性发展，一直都是重要的主题。2020年毁灭性的丛林大火之后，是灾难性的新型冠状病毒大流行，这些都迫使葡萄酒产业尽其所能去适应。尽管我们对未来还不甚明了，但历史总是能给出一些答案。比如，我们知道，我们会挺过去，并将再创繁荣。我们还知道，朝着一个共同的目标，坚韧不拔，齐心协力，是成功的要素。立足现实同样是重要的，领导人必须始终去解决现实问题。为了农业的繁荣，我们必须迎接面前的挑战。如果说，可持续性发展和旅游业是怀来地区未来故事的主要趋势，那么，怀来葡萄酒产业是走向这一新未来的支点吗？

比较这些故事，有一些可能会引起怀来葡萄酒业界的共鸣，并激发人们对传统、身份特性和文化价值的思考。尽管葡萄酒的风味是重要的，但一个产区的格调也很关键。在每一瓶葡萄酒的背后，在对葡萄酒的新鲜度和无瑕疵的现代期望之外，必须要有一个标准和故事。在这个节奏快速的世界，消费者希望能与一个理想和一个目标建立起关联。

身份独特性的获得，有赖于与消费者建立关系并在他们当中构筑信任，这牵涉到树立形象、标准和信念，唤起目标感，塑造地方的意义；这牵涉到运用大量的资源和策略。美丽的自然景色、自然风土、葡萄品种材料、葡萄园管理方式、酿酒理念、建筑、家族特色和传统、与历史事件的关联、信念和愿景，所有这一切，都能够发展成为一个独特的故事。

真实性是在现代葡萄酒行业提得很多的一个词。它的意思是说，从原材料到成品（澳大利亚人的说法是，从农场到餐盘），一切都应该是透明的。今天的消费者对健康和可持续性发展特别关注，尤其是在2020年初这场可怕的传染病发生之后，这一问题更为重要。来源也很重要，但生产者的声誉更为关键。尽管具体的葡萄园和子产区也能够获得杰出的名声，产品总还是与生产者的名字相关联的。

在现代葡萄酒的语境中，怀来葡萄酒产区算刚刚起步，然而，它有志于与众不同，这一抱负就是未来成功的种子。一个产区声誉的建立，需要数十年的时间，但通往目标的每一级石阶，都是意义非凡并令人兴奋的。100年后，回望过往和有记录的历史，新的一代将会看到，在葡萄酒里的成功，是不断改进、适应和进化的结果。在时间流逝的过程中，葡萄藤增龄，人类长智，传统成形。如今，怀来有41家酒庄，包括长城、桑干、迦南、中法、紫晶、马丁等。在这些品牌和葡萄酒背后的人物，从事的是开创性的工作，他们追寻的是一条让怀来产区成为中国经典的葡萄酒产区的道路，他们将被历史铭记。

作者简介:

安德鲁·凯拉(Andrew Caillard),毕业于罗斯沃斯农学院,葡萄酒大师(Master of Wine)。兰顿(Langton)葡萄酒拍卖行的联合创办人,兰顿也是澳大利亚最有影响力的在线拍卖、零售和经纪服务机构之一。安德鲁·凯拉在超过35年时间里,一直是引领推进澳大利亚优质葡萄酒发展的关键人物。

安德鲁是澳大利亚最著名的葡萄酒专家和葡萄酒历史学家之一,在国际上享有盛誉,著有《酒道酬心》《遥想库纳瓦拉——酝思酒庄约翰·里多奇的赤霞珠》《瑞格尔侯爵酒庄——时光的旅行》《兰顿澳大利亚葡萄酒分级》《澳大利亚葡萄酒——风格与品味,人物与产地》。在澳大利亚的《美食,旅游,葡萄酒杂志》(Gourmet Traveller Wine Magazine)上撰写专栏。上海Wine 100大赛的评委主席、日本葡萄酒挑战赛的评委,阿德莱德葡萄酒展产区大奖评委。

安德鲁还是获得了AACTA纪录片大奖的《红色情结》(Red Obsession)以及正在制作的葡萄酒电影《盲目的追求》(Blind Ambition)的副制片人,也是成功的油画家。

Wine Tourism Opportunities in Huailai China
葡萄酒旅游：中国怀来的机会

莉斯·撒奇（Liz Thach，博士，葡萄酒大师）

作为最靠近拥有约2000万人口的北京的葡萄酒产区，怀来具有发展葡萄酒旅游的巨大潜力。在某种程度上，怀来产区已经取得了初步的成就，特别是在21世纪初期，它在国际葡萄酒业中得到了好评。它拥有一些著名的文化地标，比如长城；它是中国一些大型和著名酒庄的所在地，比如长城、桑干、中法、迦南和紫晶。因此，从逻辑上来说，许多旅游者都会愿意到此一游。

为了评估一个产区当前和未来的葡萄酒旅游发展潜力，将其与世界级的葡萄酒产区及这些产区的做法进行比较，并对此加以分析，这将是很有价值的。以这种方式，就有可能发现怀来在哪些方面目前是做得好的，以及在哪些地方有提高的机会。因此，本文的目的是将一系列葡萄酒旅游的评估工具，应用到怀来的现实当中，并提出促进该地区葡萄酒旅游发展的建议。

Wine Tourism Development Model Applied to Huailai
应用于怀来的葡萄酒旅游发展模式

Donald Getz写过一本书，名为《葡萄酒旅游的探索：管理、开发和目标》（ *Explore Wine Tourism: Management, Development, and Destinations* ）。根据他的观点，一个葡萄酒产区要取得成功，需要经过五个阶段：第一个阶段，就是要对现状进行诚实评估，然后就是寻找合作伙伴、制定战略、实施和评价。这个过程已被编入"葡萄酒旅游评估"工具中，该工具通过数值评级量表分析了10个不同的点，让一个葡萄酒产区计算出其葡萄酒旅游评估的分值。

对怀来产区葡萄酒旅游的评估

葡萄酒旅游的主要指标 Wine Tourism Component	分数 Score
区域内酒庄的数量（平均不少于10家） Number of wineries in region（at least 10 for average）	8
现有旅游活动和吸引力 Existing tourism events and attractions	10
到国际机场的距离（平均在2小时车程以内） Distance from international airports（no more than 2 hours for average）	6
由旅游公司安排的前往酒庄的现有交通 Available transportation to wineries with tour companies	4
酒店和餐饮服务 Hotel & restaurant services	9
通往酒庄的路况和标志 Condition of roads and signage for wineries	7
现有的酒庄为旅游者设置的品鉴区条件 Condition of existing wineries with visitor tasting area	7
产区对葡萄酒旅游的财政支持 Financial support from region for wine tourism	7
政府和法规对葡萄酒旅游的支持 Government & regulatory support for wine tourism	5
地方以产区协会方式对酒庄推广的支持 Community support with regional association to promote wineries	2
总分 TOTAL SCORE	65

从上表可以看到，在"酒庄的数量"这一项上，在写作本文时，怀来共有39家，这对葡萄酒旅游来说是一个相当不错的数字。这表明，旅游者可以多次造访产区或在产区逗留多日以参观不同的酒庄，因此它得到了8分。至于"现有的旅游活动和吸引力"这一项，怀来轻易就得到了10分，因为那附近有许多著名的旅游点，包括长城、古崖居、鸡鸣驿古城、天皇山自然风景区、黄帝城，还有另外25个其他景点。

从北京国际机场驱车到怀来，通常情况下是1小时45分钟，让"到国际机场的距离"在2小时的车程以内。而且，在张家口附近，还有一个地方性的机场，从这里到一些主要的酒庄，只需30分钟左右。因此，在这一项上给予6分似乎是恰当的。不过，"由旅游公司安排的前往酒庄的现有交通"这一项，似乎还不是一种惯常的做法。这样一来，旅游者就必须租车、乘坐火车和（或）出租车才能到达酒庄。中国文化中心网页上有从北京到怀来一日游的广告，但它上一次提供此业务的时间是2016年。因此，这一项只能得到4分。

"酒店和餐饮服务"，似乎是充足的，该地区有超过100家酒店和40家以上的餐厅。而且，有些酒庄，比如桑干酒庄，就拥有自己的餐厅和酒店。因此，在这一项上给予9分是合适的。"通往酒庄的路况和标志"和"现有的酒庄为旅游者设置的品鉴区条件"这两项，似乎都在平均水平之上，可以给7分。

"产区对葡萄酒旅游的财政支持"，指的是较大型的酒庄有足够的资金投入其基础设施中，以及著名的酒庄选择到这里发展，在这一项上，可得到超过平均水平的7分。同样，"政府和法规对葡萄酒旅游的支持"，至少在1978年产区刚起步的时候是强有力的。在中法两国农业部长签署中法葡萄种植及酿酒示范农场的合作协议时，政府甚至对这一产区表现出很大的兴趣。长城公司就是由国有企业中粮集团拥有的，这一点同样也很好地表明了政府的支持。不过，在过去的10年里，随着葡萄价格的跌落、消费需求的变化以及葡萄酒业利润空间面临种种挑战，政府的支持似乎减少了。同时，法规上的支持，在把国际质量标准应用到葡萄酒酿造的意义上，仍是不足的。因此，目前在这一项上给的分数是5分。

评估的主要指标的最后一项是"地方以产区协会方式对酒庄推广的支持"，指的是以产区的酒庄协会出面组织这种方式，合作推广产区的葡萄酒旅游，这一工作似乎尚未开展。在线上搜索不出"怀来葡萄酒协会"，也搜索不到一个包罗其所有酒庄以及当地餐厅、酒店和葡萄酒旅游公司名录的网站。这让潜在的葡萄酒旅游者在寻找关于产区及其酒庄的信息时感到困难。因此，这一项给2分是恰当的。

汇总起来，怀来产区葡萄酒旅游评估最后得到65分。总体而言，假如使用以下对分数的解释，这是一个相当正面的得分：80～100分=非常杰出，可勇往直前；60～79分=有很好的成功机会，可向前推进。40～59分=条件一般，需要努力，在大举招揽旅游者之前要弥补不足；39分或以下=在当前不宜推进，要改善主要的问题，花一到两年重新进行评估。因此，获得65分，这表明怀来产区葡萄酒旅游具有许多积极的因素，应该发挥这些优势，同时要解决一些得分较低的问题。

Enhancing Regional Wine Tourism Strategy for Huailai
促进怀来产区葡萄酒旅游发展的战略

开发或促进一个葡萄酒产区战略的第二和第三个阶段，是在产区里广泛寻找有助于开发和实施战略的关键合作伙伴。关键合作伙伴包括其他的酒庄以及本地的餐厅、酒店、旅游机构和旅游业协会或其他行业协会。这个组合一旦形成，他们就能开始为产区制订一个长期的愿景，并明确自己的战略，使自己在葡萄酒旅游的世界舞台上脱颖而出。

为了制订一个成功的葡萄酒旅游战略，研究一下葡萄酒旅游研究者史蒂夫·查特斯（Steve Charters）的发现，会很有帮助。史蒂夫·查特斯对一些世界级的葡萄酒产区，比如香槟、纳帕谷和新西兰的中奥塔哥，开展了一系列研究，分析其成功的要素。他与同事一道，发现了推进一个葡萄酒产区成功的5个必要关键因素：①标志性产品；②参与者的凝聚力；③接受一个产区品牌的意愿；④共同的故事；⑤一个有效的产区品牌经理。在制订产区的战略时，所有这些因素都应加以考虑。

怀来产区的"标志性产品"——这一标志，应该是产区因此而著名的一种葡萄酒产品。这可以是一种招牌式的单品种葡萄酒或混酿葡萄酒，比如纳帕谷以其赤霞珠葡萄酒而著名，波尔多以其"波尔多混酿"而著名；又或者是一种酿酒方式，比如格鲁吉亚的陶罐发酵陈酿（Qveri），或希腊的圣托里尼岛（Santorini）的"花篮式"（basket wreath）。对怀来产区来说，这可能是其著名的"龙眼"葡萄、马瑟兰或其他。在理想情况下，"标志性产品"应该是一种在国际市场上屡获大奖或高分的产品。需要说明的是，一个产区拥有了一个标志性产品后，对其他的葡萄品种和酿酒方式进行试验仍是受鼓励的。不过，产区里大多数的酒庄通常都生产这种标志性产品，因为这是他们扬名之所在，也是旅游者前去的理由。这还意味着，这个产区的风土能够生产出达到非常高标准的标志性葡萄酒。

怀来产区"参与者的凝聚力"——这指的是所形成的合作者团体对葡萄酒

旅游战略的制订和执行。通常需要在一批酒庄内出现一个强有力的领袖，他能够鼓舞所有其他酒庄团结一致。例如，在纳帕谷，罗伯特·蒙大菲（Robert Mondavi）就扮演着这样一个富有远见卓识的角色。在怀来，谁能够充当这一角色，现在还不清楚。或许他会是某个酒庄的主管，或是一个较大酒庄的庄主——不过，重要的是，这个团体的领袖会以合作的姿态鼓励其他人的参与。

怀来的"产区品牌"——指的是合作的所有酒庄，必须合力建立一个产区的品牌。根据史蒂夫·查特斯的研究，"因为各个酿酒师和庄主都得同意，产区的品牌比各自的荣耀更为重要，这是很难执行的。"这个品牌应该包括一个徽标或标识，以便消费者能够一眼认出和记住它与怀来产区的关联。最好产区里的所有酒庄都在其酒瓶上的某个地方和其他的推广材料上使用这一标识。比如，在西班牙的里奥哈，所有当地生产的通过酿造标准的葡萄酒，都在酒瓶的背标上有一个小小的印记。产区品牌的另一个方面，是某种口号式的用语，让人联想到这个产区。比如，在纳帕谷，这句话是"传奇的纳帕谷"（Legendary Napa Valley）。怀来将来或可就"Huailai"的发音玩玩文字游戏，因为这个汉语的发音对国际旅游者来说太难了。或许这句英文的口号可叫作"Why Lie About Huailai? The Wines are Amazing."（Why Lie是Huailai的谐音，意为"何不真言相告？"所以，整个句子的中文意思是"怀来美酒，名不虚传"。）

怀来产区"共同的故事"——它与品牌相关，是产区的品牌故事。这包括产区的历史及其变化。怀来已经有了一个很好的品牌故事，但可能还没有把这个故事讲好。这个产区酿造葡萄酒已有超过800多年的历史，它是中国第一款干白葡萄酒的诞生地，这些都是可以大讲特讲的好故事。对于这个产区的各方合作者来说，重要的是，在一个共同的故事上形成共识，并把这个故事与产区品牌和标志性产品结合起来。

怀来"有效的产区品牌经理/协会"——最后的成功因素是有必要创立一个强有力的区域品牌经理/协会，能够通过不断地维护愿景、制定有效的政策、推广产区和捍卫品牌来团结各个酒庄。在香槟产区，这就是香槟协会（CIVC）；在波尔多，这就是波尔多葡萄酒产业联合会（CIVB）；在纳帕谷，这就是纳帕葡萄酒协会（NVV）。在怀来，发挥这一作用的是哪一个机构？现在有没有这么一个机构，外界不清楚；如果是有的，那它需要有一个更强大的存在。一个关键的工作是要建立一个产区的网站，介绍所有的酒庄、餐厅、酒店、旅游点以及酒庄游线路。这个协会还要联络葡萄酒媒体，邀请他们到产区采访，同时还要对外发布新闻稿，这样，关于产区的新闻和获奖消息便会被广而告之。同样，他们应该让产区在社交媒体上强势亮相。

Strategy Implementation and Evaluation for Huailai
怀来战略的实施和评估

一旦怀来的"标志性产品、产区品牌、共同故事和有效的品牌经理/协会"为所有主要的利益相关者所接受，那就到了实施和评价葡萄酒旅游战略的时候了。研究别的葡萄酒产区的做法，此时是有用的，这包括研究"最优葡萄酒旅游大奖"（Best of Wine Tourism Awards），以决定采用哪种做法。以下就是可以开展的一些做法。

- 葡萄酒线路——这要见于产区网站、移动电话、APP和推广小册子上。
- 特别的葡萄酒活动和节日——这些活动和节日可以让旅游者每过一段时间就会故地重游。怀来已有一个著名的葡萄节，它是由怀来县人民政府资助的，已有20多年的历史。2019年，前来参观的宾客超过70000人次。这是相当喜人的，应该在此基础上在具体的酒庄和产区里创立更多的活动。
- 体验性的葡萄酒项目——向葡萄酒旅游者提供独特的体验性项目，比如，在传统的品鉴和参观外，在采收季节邀请游客帮助采摘葡萄、在酒庄里调配葡萄酒、在葡萄园里遛狗，或其他让旅游者感兴趣的独特活动。
- 独特的葡萄酒观光——向旅游者提供以一个独特的方式参观产区的机会，比如驾驶吉普车、荡舟、骑马、骑自行车、乘坐热气球等。
- 独特的合作关系——嫁接产区的合作资源，推出一些独特的体验，比如高尔夫与葡萄酒、SPA与葡萄酒、音乐与葡萄酒、瑜伽与葡萄酒等。
- 聚焦艺术与建筑——有些酒庄以艺术画廊、雕塑花园或酒庄建筑吸引旅游者。在怀来，已有几个酒庄这样做了。
- 提供住宿的酒庄——有些酒庄，比如桑干酒庄，能够提供住宿，或与一些不错的酒店建立了合作关系，给旅游者提供一个留宿的场所。
- 与葡萄酒相关的美食之旅——把葡萄酒与烹饪课、餐厅、野餐、烧烤或其他与食物相关的活动结合起来，通常很受旅游者欢迎。在怀来，有几家酒庄正在这样做。

- 聚焦于可持续性或生态旅游——许多旅游者如今对可持续的和有机的产品感兴趣，因此，酒庄可以结合自己正在实践的有益于环境和社会的做法，安排一些教育环节和参观线路。

- 家庭投寄 & 在线推广——有些酒庄邀请旅游者加入其葡萄酒俱乐部，每隔几个月就往他们家里投寄酒品，这是一种让消费者与酒庄保持联系并成为酒庄的忠实支持者的办法，酒庄还邀请他们回到酒庄参加特别的活动，并通过社交媒体（Facebook、微信、Instagram等）或其他方式与消费者保持接触。

- 在线虚拟葡萄酒旅游——因为地震、大火、疫情等自然灾害，许多聪明的酒庄正在推出线上虚拟旅游的选择。他们通过优美的视频以及360°或3D的虚拟影像展示酒庄，观众仿佛感到自己正在葡萄园里漫步。此外，许多酒庄正推出虚拟的"葡萄酒品鉴"，让观众通过Zoom或其他互动平台，在线上与酿酒师或其他工作人员交流。酒庄常常提前把葡萄酒寄送给消费者，因此，消费者可以在家里上网，参加"酒庄的线上品鉴会"。许多这样的虚拟活动，都是通过社交媒体和线上广告来推广的。

最后，重要的是，要有一份年度报告，通过对访问产区的游客数量和旅游业对产区经济影响的分析，评价葡萄酒旅游战略的有效性。报告的结果，常常会通过产区的网站以及新闻通稿和发放给媒体的资料的方式来发布。此外，产区酒庄协会应该不断地改进方式，推进葡萄酒旅游战略的实施。

Conclusion – Key Opportunities for Huailai Wine Region
结论——怀来葡萄酒产区的主要机会

总结起来说，怀来葡萄酒产区具有多方面的有利条件，比如酿造优质葡萄酒的伟大风土、一批知名的酒庄、大量优质旅游景点，以及一个成功的年度葡萄节。这一切，都应被充分利用，并要被作为不断前进着的产区葡萄酒旅游战略的一部分而加以传播。如果酒庄和其他关键的利益相关者能走到一起，在"标志性产品、产区品牌和共同的故事"等方面意见一致，那就会有更多的合作机会。尽管这一话题或多或少已有讨论，但需要谈得更为具体。一旦形成共识，就应形成一个愿景长远的、清晰的产区战略。

另一个主要的机会是建立一个强有力的产区协会，其负责人要拥有合作协调能力，能促进所有酒庄的团结。这个协会需要创立一个具有世界水平的葡萄酒旅游网站，就像香槟、波尔多和纳帕谷所做的那样。网站里包括葡萄酒地图、名酒名录、所获奖项、餐厅、酒店、节日、大型活动，以及其他重要的旅游者所需要的信息。要有一个强大的推广计划，针对的不仅是旅游者，还有葡萄酒媒体和酒评人。社交媒体和虚拟葡萄酒体验也应被产区协会和各个酒庄所应用。这样一来，怀来葡萄酒产区便可逐渐升华，"从良好变成杰出"。

致谢：Liz Thach博士写作此文时，得到她在葡萄酒商业专业的硕士研究生Yu Song、Maxence Therier和Linyuan Ji在资料搜集上的协助，特此致谢。

本篇文章的参考资料如下所示。

①Charters Steve, Richard Mitchell, David Menival. "The territorial brand in wine." In *6th AWBR International Conference*（pp. 9-10. Bordeaux）2011.

②China Culture Center（2016）Day-trip: Vineyard & Wine-tasting in Huailai. Available at: http://www.chinaculturecenter.org/travel/eventregbj.php?eventid=9135

③Getz，D.（2000）. *Explore wine tourism: management, development & destinations*. Cognizant Communication Corporation.

④Great Wall Winery（2020）. Community Visits - Great Wall Winery. Available at: https://www.mafengwo.cn/i/19041883.html

⑤Great Wine Capitals（2020）. 2020 International Best Of Wine Tourism awards announced. Available at: https://www.greatwinecapitals.com/2020_international_Best_Of%20winners

⑥Thach，L. & Charters，S. ed（2016）. *Best Practices in Global Wine Tourism*. NY: Miranda Press. Available on Amazon and at: https://www.cognizantcommunication.com/miranda-press/best-practices-in-global-wine-tourism.（BOOK）

⑦TripAdvisor.com（2020）. Huailai China. Available at: https://www.tripadvisor.com/Attractions-g1639603-Activities-Huailai_County_Hebei.html

⑧Wu, S.（2017, Nov. 23）. China's Great Wall cuts back on wines. Decanter. Available at: https://www.decanterchina.com/en/news/china-s-great-wall-cuts-back-on-wines

作者简介：

莉斯·撒奇（Liz Thach）博士，葡萄酒大师（Master of Wine）。美酒、美食、旅游记者，同时还从事葡萄酒教育和研究。她目前的职位是索诺马州立大学（Sonoma State University）葡萄酒与管理专业的教授，教授本科及葡萄酒MBA项目的课程。她对葡萄酒充满热情，已经访问过世界上主要的葡萄酒产区，足迹遍及50个以上的国家。她于2006年访问过怀来产区，参观过长城和中法庄园等酒庄。

米歇尔·罗兰眼中的怀来产区（采访实录）

"由于中粮集团收购了雷沃酒庄（Chateau de Viaud），我们由此相识，并商量在中国开展葡萄酒酿造顾问的事宜。后来（2011年），我来到中国访问中粮集团，并签订了在中国开展合作的协议，与中粮集团合作至今已经有11年。"

问：对您而言，怀来产区的优势有哪些？尤其是在土壤以及气候方面，与一些知名产区相比有哪些优缺点？

米歇尔·罗兰（以下简称MR）：我认为怀来的土壤很好，整个产区，从东到西，所有的土壤都很好。土壤中含有砾石，尽管不同区域土壤也有些成分差别，但是质量都很好，具有很好的透水性。唯一的不够理想之处是气候，冬季由于低温必须将葡萄藤埋土保护，这是很繁重的一项操作，直到今天，依旧制约着一些技术的实施。另外，这也限制了葡萄藤的生长，通常葡萄藤应该是露天生长。这是当地的主要困难，也是中国大部分产区所面临的问题，于我而言，这是个问题。

我认为，随着时光推移，中国的技术日新月异，即使一切都还没有完全实现，即使我们仍然有很多要学习，然而我们正在朝着极其乐观的方向发展。我经常说，中国人是喜欢学习并且学习很快的人，这是显而易见的。

全球各地的风土与气候都有很大的不同，不同地区的酿酒风格也有很大的不同。我对风土的了解很透彻，这也为我在包括中国在内的世界各地的工作创造了条件，因此土壤并不构成问题。比较大的不同，是当地的气候情况，这里的气候有时会出现一些极端现象。冬天因为寒冷需要将葡萄藤埋土；下雨时，有时候会达上百毫米之多。热的季节，气温可能会变得极高。在我们国家，我们说葡萄树是个好姑娘，她能抵抗很多困难。但是，对她来说，严苛的天气条件是这里我唯一能看到的缺点。在怀来访问所见之处设施都很完善，一切都很好。得益于这样优质的土壤以及精湛的技术，怀来是出产葡萄酒的绝佳产区。

总之，我很喜欢这个产区。

问：怀来产区在酿酒葡萄品种选育、栽培方式及葡萄园管理方面有哪些好的做法，还有哪些地方需要改进？

MR：关于品种，很多人都犯了同样的错误，中国犯了两个世纪前法国犯的错误。美国做的，南美洲做的，所有国家都做了。错误就是"所有品种都能随处可见。"这是不正确的。在吉伦特看不到黑皮诺，在勃艮第没有美乐。这不是因为勃艮第不喜欢美乐，历史表明，那里特定的风土不适合这些葡萄品种。

当我来到中国时，这里种植了赤霞珠、霞多丽，并肩而存。今天，我们开始重新定位。尽管在同一地区，人们可以种植所有东西，但是我认为土壤不会适合所有葡萄品种，必须寻找最匹配的。我们在中国20年，这不算什么——当我还是个小孩的时候，我的祖父处于我现在的年纪，我从未问过他为什么要种植美乐。因为他的父亲种植了美乐，所以他必须种植美乐。

中国需要学习这些经验，当然中国人会学得更快。勃艮第人会说他们花了600年的时间学习适合勃艮第的种植方式，这需要时间。葡萄藤需要时间生长发育、产酒。之后，必须尝试在正确的地方找到与之相适应、正确的葡萄品种。然后，是时候去葡萄园里工作了。这是一项艰巨的工作，人人都知道这个环节是一个优势。中国是一个传统的农业国家，人们熟知农业耕种技术，尽管种植葡萄酿酒是相对较新的事情。

在（葡萄酒生产的）两头，重要的那头是葡萄的种植，而后，葡萄酒酿造本身这头，显然没有那么重要，因为它相当技术化，比如，浸渍时间长或短，萃取重或轻等，我们可以听到各种不同说法，有时候有点不知所云。这种种做法也可以在中国听到，因为全世界都这么做。然而，更需要全神贯注地去努力搞明白的那部分，是葡萄园。葡萄园正是重要的部分，我想，（葡萄酒的）未来的进步，来自葡萄的品质，有好葡萄才能做出好酒。

开始时，我们对气候的差异性感到吃惊。比如说，7月25日时还一切正常，然而到了8月15日突然降雨量达200毫米，这一切使得（葡萄园）管理变得不容易，当然我们可以管理，但确实不容易管理。这些都是我们需要思考、需要找到解决方案的难点，因为葡萄园的水土需要得到管理。如果雨水没问题，也是需要管理的，也可能会有别的问题，比如气温高的时候也会有问题，我从来没有8月底的时候去（桑干），只是采收的时候去，但显然（8月底）天气会很热。

此外，就像其他任何产区一样，需要不断地学习。

问：怀来这个产区历史悠久。您认为，跟中国其他产区，比如宁夏和新疆相比，本产区有什么优势？另外，这是个不断创新的产区，比如不断地实验新品种，不断地进行技术革新等。

MR：对，这很好。当还在起步的时候，我们问起中国葡萄酒，拿我自己打个比方：当初我还在童车里玩的时候，假如有人告诉我母亲，这将是一位伟大的酿酒师？（笑）我们还需要等一下，这问题现在没法回答。这个问题其实是一样的，我们已经做出了一些很棒的东西，我想这个产区有着很大的潜力，我很喜欢这个产区，这个产区也具有很出色的地理位置，靠近北京，靠近消费市场中心。假如做出了好酒，却需要几个星期的铁路运输，对葡萄酒就比较麻烦，成本高，还有可能影响了酒质。怀来离北京很近，大概两个小时车程吧，环境和条件很好，在这方面，这就是个很好的产区。

问：还有一个关于葡萄酒品质的问题。您前面说过，您到中国十多年以来，尤其是到怀来产区，您看到了葡萄酒品质的很大进步，对您来说，怀来葡萄酒的典型性是什么？怀来葡萄酒跟其他产区有什么不一样的地方？

MR：在本产区比较有意思的是，我到了产区后，所观察的第一件事，对葡萄酒来说也是最基本的，是土壤。如果土壤条件不好，我们没有太多的解决办法，没有太多改进的可能性。针对气候，虽然不容易，我们还能找到一些办法，比如避开雨水，不知道您是否知道这个故事，在波尔多我们曾经有雨水过多的问题，现在由于全球气候变暖，雨水很少了，在20世纪80年代我曾设想在葡萄地上盖上塑料防雨布，而且我们也这么做了，非常有效。记得1999年，我就使用了防雨布，几个客户也这么做了，使用防雨布的效果显然好于不使用防雨布。这不是拍脑袋就做的，也需要经验吧。对于气候，我们能找到一些办法，虽然不总是能找到办法。–25℃时，最好的对付办法是埋土。（气候）可能有个解决方案，而土壤，没有什么解决方案，土壤好一切都好，土壤不好也就不好了。我到当地看到土壤后的第一反应就是，哦，这是很棒的土壤，我喜欢这样的土壤，土壤的结构也很棒，我告诉自己，在这样的土壤上，我们可以做出很出色的葡萄酒，而且，我们已经做到了，比如2019年的酒，我觉得就非常棒。当然，我说的（土壤好一切都好）不仅仅是本产区，也是通常意义上的中国葡萄酒。

问：所以，您认为2019年是怀来产区最好的年份吗？

MR：是的。现在是2020年，去年11月我在中国。我第一次品尝了当年收获的葡萄酒。从气候上讲，2019年份比其他年份温和。当然也有技术实施得当的原因，所有想法都付诸实践。这是我到中国以来最好的年份。酒中包含了所有的一切：知识的方面，以及系统中的所有工作。这是非常好的年份。我很遗憾病毒阻止了人们的旅行。2019年是这10年来，我在中国见过的最好的年份。

问：**具体表现在哪个方面呢？复杂性？丰富性？强度？**

MR：没有一个方面有问题。颜色很好，香气很出色，口感平衡，不瘦弱，没有刺激感，不生硬，没有苦味，这是最好的年份。这证明了什么？这证明了葡萄质量很好。这里面没有什么魔法，用不好的葡萄，永远也做不出好酒。第二件我认为很积极的事情就是，这证明了整个团队完全清楚：当我们有合适的葡萄时，我们应该做什么，（酿酒中）没有犯错误，葡萄酒非常纯净，很干净，做得很好。是的，去年11月，我度过了美好的时光。

问：**在您的经验中，您如何评价中国葡萄酒产业近些年的发展变化？**

MR：虽说我是属于老一代的人了，但中国葡萄酒发展速度令人印象深刻。我有很多经验，我其实能适应发展的速度。很坦白地说，24年前，我第一次到中国，那是1996年，在那个时代，直率地说，我那时还是挺惨的，喝劣质的酒，真的很糟糕。记得我去了一个干邑厂子，还去了其他什么厂子，那时葡萄酒的确很落后，远远比我所看到的其他产区落后。我那时候都觉得这样的差距不可能弥补，这需要很长很长的时间。然后从1996年到2005年，发展还是很一般，从2005年起，开始了涡轮增压式的发展，最近的10年，中国葡萄酒有了巨大的进步。

问：**完全同意，我觉得事实上，中国的开放，消费者也同样会更加开放，他们有可能品尝到来自波尔多、勃艮第、澳大利亚、智利的葡萄酒，他们也慢慢懂得什么样的酒是好酒。消费者也给了酒厂提升品质的压力。**

MR：对的，有压力所以需要进步，是的，中国葡萄酒的进步和进步的速度令人印象深刻。

问：您认为产区发展是不是在正确的道路、方向上？在未来，我们需要做什么？

MR：我觉得需要继续研究哪些做法在产区能有好的效果，研究哪些是很好的，哪些是比较好的，如果有哪些做得不好的，对中国来说，那就不应该做。我们不要浪费时间，有些就像我们不在波尔多种黑皮诺，不在勃艮第种赤霞珠，这些我们都已经知道了，中国也应该这么做。对中国的葡萄种植行业来说，也需要建立这么一个比较通用的蓝图。我们不可能在所有的地方做所有的事情而且都能做好，这是不存在的。世界上不存在一个国家能做好所有的事。

问：您在怀来产区有没有跟马瑟兰接触过？

MR：当然。马瑟兰在中国很成功。马瑟兰在朗格多克产区也很成功，我们有同样的东西。对于这个品种，我们要加以小心，这个品种有一个比较粗犷（rustique）的倾向，但这是一个很好的品种，这种粗犷的特性也使得这个品种对一些在中国的葡萄园里不得不进行的操作有更好的耐受性。这个品种对于中国来说可能会很不错。

问：是的，怀来产区出品的马瑟兰在中国有很好的声誉。

MR：是的，我们能做很好的马瑟兰。

问：本地的酒庄喜欢探索，因此他们实验了马瑟兰和其他一些品种。

MR：是的，我们需要实验，但这不是说一下子种100公顷。需要实验，然后看看效果。中国的投资者可不要种了300公顷葡萄，问我的意见，最后再告诉我："哦，我们原来不应该这么做。"（笑）

作者简介：

米歇尔·罗兰（Michel Rolland），世界上最具影响力的酿酒顾问之一，为全球包括中国怀来在内的多个产区超过120多个酒庄做酿酒顾问，常年飞行于各个产区，被业界称为"飞行酿酒师"。

在他40多年的酿酒和顾问生涯中，深刻地影响了葡萄酒世界，带动了葡萄酒行业和酿酒理念的巨大变化，堪称"一代宗师"。

中法庄园——开启中外合作新纪元

刘俊[*]

　　中法葡萄庄园位于怀来县东花园镇，是温家宝总理1997年访法期间达成的中法两国农业合作项目，目的是推广示范优良的葡萄品种、种植技术、先进的酿酒设备和工艺，推动中国葡萄酒产业的发展，是两国国家层面的战略合作项目。1999年9月17日，法国巴黎，中法两国农业部长正式签约，经过两年的激烈竞争，怀来从山东、天津、河南等竞争对手中脱颖而出，中法葡萄农场正式落户怀来盆地，它标志着怀来盆地这一优势产区被葡萄酒王国——法国所认可。项目于2000年开工建设，2004年建成投入运营，庄园总面积32.53公顷，种植的8.8万株优质嫁接苗木均从法国进口，总计引进了16个葡萄品种，21个株系，7个砧木品种，以及5个鲜食葡萄品种，示范了品种、技术，生产出国内优质的葡萄酒，为我国葡萄酒产业发展树立了样板，项目实现了当初的预定目标。

一、中法合作项目的启动及合作条款

　　1997年5月，法国总统希拉克对中国进行国事访问。两国元首签署《中法联合声明》，中法决定建立面向二十一世纪的"全面伙伴关系"。其中，在经贸合作方面，提出"双方将加强在农业和食品加工业方面的交流，特别是在种子、葡萄种植和葡萄酒生产、奶制品、畜牧业、动物基因和灌溉方面的产品和设备交流"。

　　1997年11月，时任中共中央政治局委员、中央书记处书记温家宝出访法国时，提出了中法农业合作问题。1998年1月根据这一提议，法国农渔业部长勒邦塞克与中国农业部部长陈耀邦商定在中国建立中法合作示范农场，示范内容为葡萄栽培与酿造，通过合作农场建设来展示法国优良的酿酒葡萄品种，先进的栽

　刘俊：时任怀来县林业局局长，怀来葡萄产业集团公司总经理，中法农场项目总负责人，第一任中方协调员。

培、酿酒技术和精良的酿造设备，最终生产出优质高档的葡萄酒。

1998年8月，法国农渔业部长勒邦塞克先生访华时，就此项目与中方进行了具体的商谈，并亲自率有关专家13人到怀来进行了实地考察，一致认为怀来是一个非常理想的酿酒葡萄种植产区。

1998年9月2日，法国农渔业部专门委派人头马公司驻上海专家杰米先生到怀来进行详细考察，认为怀来的区位优势、气候、土壤等自然条件非常适宜葡萄的生长，是中国最好的酒用葡萄生产地之一。

1998年8月和9月，法国国家葡萄酒行业管理局（ONIVINS）的技术专家考察确认河北怀来项目的实施可能性。与此同时，两国农业部进行了多次交流，初步确定在怀来建设合作农场。

1998年9月，法国总理利昂内尔·若斯潘访华时，告知我国法国政府同意对中法合作示范农场进行投资，并且发表了中法示范农场的意向声明，声明中明确项目合作期10年，第一期5年。

1999年4月29日，法国新任农渔业部长格拉瓦尼应邀参加昆明世博会开幕式，期间与陈耀邦部长在北京就项目内容进行了进一步的磋商和交流，并明确法方将派一名项目协调员访华，对该项目进行具体的可行性调查，写出报告，再由中法农业与农业食品合作委员会讨论批准。

1999年9月19～23日，法国农渔业部派项目协调员葡萄专家白索利（Michel Bergassoli）先生和酿酒专家马尤（Laurent Mayoux）先生两人再次到怀来进行了实地考察，认真考察了中方怀来提供的不同土地类型预选地，采集土样，详细了解了怀来的气候、自然条件和种植历史，果农的种植经验，现有的品种园、面积、加工利用情况，并就项目建设地点、合作期限、建设规模、双方各自的责任与义务进行了广泛深入的洽谈并达成了初步意向。

1999年11月17日，在法国巴黎中法农业及农业食品合作委员会第一次会议上，中国农业部长陈耀邦与法国农渔业部长格拉瓦尼正式签订了项目议定书，并正式明确示范农场为"中法葡萄种植及酿酒示范农场"。

项目的合作条款

1. 建设地点及规模

葡萄种植和酿酒示范农场将建在河北省怀来县官厅水库南岸，其面积为30公顷，种植面积25公顷（5公顷试验田），基建面积5公顷，同时建设一个生产能力约为20万升的酿酒厂。

2. 项目期限

该项目从2000年开始启动，为期5年，包括两个阶段：投资到投产阶段（2000—2003年），生产商业化阶段。

3. 培训工作

法方承诺为中方培训4名葡萄种植和葡萄酿造的高级管理人员，其中一年期2名，三月期2名；当整个项目有了盈利后，示范农场将建立一个负责推广这种生产模式的技术管理人员的培训机构，以便培训全国有关专业技术员。

4. 项目管理

项目建设期间双方共同确定成立中方法定的管理机构，法方将派专家帮助中方管理农场，待项目建成后，所有建筑（葡萄园、设备）都将无偿转让给中方。此外，法国农渔业部指定高级总农艺师白索利先生，中国农业部指定怀来林业局局长刘俊先生为该项目的法方、中方项目协调员，这两位负责人在需要时相互协商，并且每年至少会晤两次（春、秋季），以对工作进程总结。

5. 双方责任

根据议定书规定双方责任如下。

中方责任：

提供示范农场所需土地30公顷和不少于100公顷的二期示范土地；水、电、路的配套；相关的土建工程。

法方责任：

按协议培训中方技术人员。

提供精选和认定的建场所需葡萄苗木。

葡萄园建设的管理费用。

提供生产设备（拖拉机、技术设备等）和基肥，改良土壤的间接肥料和植检产品等。

提供能满足20万升葡萄酒生产能力的设备及规划设计图纸；负责装备一个陈年酒窖，一个实验室和综合培训中心的技术设备等。

设置高级管理人员办公室。

为实现项目目标将派遣有关专家和管理人员。

议定书还规定在2000年双方负责人应批准项目细则（4月或5月份葡萄种植细则，9月份生产葡萄酒细则），并在2001年种植葡萄，2003年开始酿酒。

6. 项目的组织及实施

中法葡萄种植及酿酒示范农场项目由中法两国农业部组织（法国称为农渔业部，余同），由怀来县葡萄产业集团公司负责实施。

二、中法葡萄种植及酿酒示范农场的建设及发展历程

2000年9月19日，建园工作动工。葡萄园面积为22公顷，其中酿酒葡萄21公顷，葡萄品种由法国农渔业部项目专家组在充分考察种植当地的土壤、气候的综合因素后，认真听取了中国葡萄专家的建议而筛选的优良品种（株系），包括赤霞珠（Cabernet Sauvignon）、梅鹿辄（Merlot）、品丽珠（Cabernet Franc）、马瑟兰（Marselan）、霞多丽（Chardonnay）5个主栽品种的10个株系，以及其他5个黑（红）色品种和6个白色品种，另外还有1公顷的5个鲜食品种。其中多个品种、品系为我国首次引进。

2001春季，中法示范农场开始引种葡萄苗木，2002两年春季种植完毕。

2001年6月11日，河北省计划委员会在石家庄市主持召开了怀来葡萄产业有限责任公司中法葡萄种植与酿酒示范农场项目初步设计审查会，与会专家和代表经实地考察和审定设计后一致认为该项目是国内目前最优秀的葡萄种植与酿酒示范项目，它的建设对推动河北省乃至我国葡萄产业的发展，对我国高档葡萄酒的生产模式具有示范和推广作用。

2001年7月，中法葡萄种植及酿酒示范农场项目正式成立。

2002年6月24日，总建筑面积为5564平方米的基建工程正式全面开始，包括

发酵车间、酒窖、灌装车间、办公楼、培训楼、展示观光厅等。

2003年秋，葡萄首次采收酿酒。

2004年，中法两国农业部长签署《二期合作议定书》，协定通过试验、培训推广技术和管理经验，为中法示范农场培养技术管理人才。

2005年5月31日，中法合作示范农场进行公司化改制，更名为中法庄园葡萄酒有限公司。

2006年7月28日，时任国务院副总理回良玉在河北省副省长宋恩华、张家口市委书记、怀来县县长等陪同下，视察了中法政府合作葡萄种植与酿酒示范农场（中法庄园）。

2006年11月13日，中国和法国首个政府间农业合作示范项目——中法葡萄种植与酿酒示范农场项目在河北省怀来县正式落成。项目总投资4734万元，其中法方投入240万美元。项目总占地面积30公顷，葡萄种植面积22公顷，酿酒葡萄的种质资源全部由法国引进，包括16个品种21个品系。农场葡萄酒年设计生产能力200吨，部分酿酒设备为中国首次引进。

2010年2月，台湾迦南投资集团入主中法庄园葡萄酒有限公司。

2010年7月，在中法两国农业部部长的见证下，中华人民共和国农业部、法国农渔业部和迦南投资集团在北京签署了《关于进一步加强中法葡萄种植与酿酒示范农场项目合作的联合声明》，宣布将进一步加深合作探索、拓宽合作领域，中法庄园作为中法两国农业合作特别是葡萄酒产业合作的基地，继续发挥重要作用，为中法两国的葡萄酒合作注入了新的活力，迎来中法两国葡萄酒合作的新纪元。

三、中法示范农场，开启中外葡萄酒合作新纪元

第一，它是一个政府间合作项目，具有很高的政治地位。

第二，其技术规范严谨，葡萄园每一株苗木都是在法国葡萄酒管理局监控下生产，全部为嫁接苗木（共有7个不同的砧木品种）。中法农场葡萄园采用1米×2.5米，即4000株/公顷的定植密度，葡萄园采用南北向种植，采用单干单臂篱架整形。在此期间，对全部21个品种/品系进行系统的观察，就其物候期、生长势、病虫害发生、着果情况以及果实酿酒品质等指标进行观察，所有资料建有档案。

第三，该项工作中尤其值得一提的是关于砧木的全面应用。对于砧木的研究，在我国品种的研究要落后得多。在我国葡萄种植发展史上曾经出现过因为外来病害侵袭而毁园的教训，前几年全国大量从欧洲引入葡萄种条，某些病害的潜在威胁仍然存在，而解决这些危害的有效手段就是应用砧木。砧木的应用，还可以解决品种对土壤的适应性（如梅鹿辄扦插生根难的问题）、调节葡萄植株长势等问题，进而获得一致性较高的原料，为独立地块发酵提供可能。

第四，传统的酿造工艺保障，所有技术工艺由法国国家葡萄酒专业委员会（ONIVINS）以及波尔多国家工程师学院（ENITA）负责。中法农场现有酿酒师均在法国接受过正规培训，从2003年起，法国技术人员也来中国参与酿酒。采收时，通过葡萄园和前处理的两次分选确保了葡萄原料的健康状况。干红葡萄酒酿造工艺中，将发酵温度控制在24～26℃。根据品种、所酿酒的类型不同，发酵时期为2～4周。酒、皮渣分离后，还要进行第二次发酵——苹果酸-乳酸发酵。干白葡萄酒酿造工艺的前处理分为带梗直接压榨和除梗、破碎后经过冷浸提再压榨，前者使压榨更加容易，且果香怡悦，柔和爽口，后者则使葡萄酒香气更加浓郁、复杂，色度深。

第五，中法庄园的成功标杆作用，带动了怀来地区葡萄酒投资新热潮，2006年中国酿酒工业协会（现为中国酒业协会）酒庄联盟成立大会在中法庄园召开。2007—2008年，怀来产区涌现了一批新投资的酒庄，他们拥有自己的精品葡萄园，致力于产出中国优质葡萄酒，成为了中国酒庄酒的代表产区。

中法庄园早期产品

怀来与北京——中国城市与葡萄酒产区关系的探索样板

马会勤

一个城市拥有一个产区，或者一个产区拥有一个城市，无论从哪边看，都是个相得益彰的事情。

城市是人类高级文明的一种体现形式。一个世纪以来全世界城市的规模在日益扩张，出现了一些超大型的城市，比如北京，2000多万的总人口超过了世界上很多中小国家。只有大型城市才能集聚起足够长的产业链，足够多的创新，海量的交流，激发一系列的事件，并建立认同感，改善自己的内部环境。城市会进化出自己的个性与文化，细想一下，每个国家的超大型和大型城市都有自己的个性与特征，有自己的生态系。大城市因为体量大，文化辐射半径宽，对周边中小城市和农业产生显著的影响。城市所组成的宇宙，有点像星系，超大型城市和大型城市以自我为中心，类似恒星，吸引、塑造周边的行星，形成自己的运行轨道，塑造时间和空间特征。

能拥有一个葡萄酒产区的城市是幸运的，从极为务实的角度，无论是生机盎然的葡萄园，还是放松愉悦的葡萄酒都给紧张、忙碌，甚至因为快节奏显得有点冷漠的大城市，带来一些舒缓、从容、亲情与温暖，"我有一杯酒，可以慰风尘"可能不仅是旷野，更是大城市的需要。从文化发展的角度，葡萄酒丰富的文化内涵，也为城市风格与文化的塑造提供了新的可能。城市显然不仅是钢筋混凝土的森林与匆匆的脚步，街角的餐厅、步行街两侧露天的餐桌、夜晚热闹的酒吧，葡萄酒的出场都给城市带来柔情与慰藉。

对于一个葡萄酒产区来说，背靠一个超大型的城市，同样也是幸运的。毋庸置疑，葡萄酒的品质与风格受到市场的驱动，酿造一款好酒，除了天时、地利，人和也是必需的因素。"人"既指消费者群体的人，也指生产者群体的人。"人和"意味着生机勃勃的市场，好酒有人欣赏，也意味着葡萄酒产区自身充满活力。背靠大城市的葡萄酒产区更容易获得眼界、人才和市场，产区被大城市的文化潜移默化，城市的活力给产区带来了创新精神。城市的巨大辐射作用，使邻近的葡萄酒产区逐渐成为城市精神的一种体现。

一、那些邻近大城市的产区

喜欢葡萄酒的人对波尔多产区不会陌生，专业人士和爱好者对左岸、右岸土壤和地质情况的差别、赤霞珠和美乐的不同占比、五大名庄、1855分级、知名的酒庄如数家珍。有时因为过于熟悉，我们可能有些忽略了波尔多市对波尔多产区的滋养。波尔多产区的命名不是基于流经产区的两条河流，而是基于城市的名字。波尔多市作为法国重要的港口，从贸易中获得了资本、眼界、审美和人才，也有了自己的政治理念和文化抱负。基于城市经济的发展，才会有法国大革命时期吉伦特派的兴起，今天波尔多城里的吉伦特纪念碑是很多游客的打卡景点，时刻提醒着人们城市与文明，彰显城市的性格、主张与辉煌的历史。波尔多市以经济和文化，滋养了波尔多产区的发展和对葡萄酒质量的追求。如果仅仅有酿造伟大葡萄酒的理想，而现实生活贫瘠、资源稀缺、眼界窄小，缺乏实现的手段，理想也就只能骨感到是个梦想而已。

旧世界葡萄酒产区中有被国际眼光的大城市滋养的不在少数，葡萄牙波特酒因波尔图市而闻名。波尔图也是历史上一个重要的港口城市，在英法百年战争期间，波尔图得益于优势的地理位置而成为与英国贸易的重要港口。同样地，没有阿维尼翁就不可能想象教皇新堡产区的发展与出名，重要的历史事件，以及由于重要历史事件而引发的城市发展，为邻近的葡萄酒产区提供了难得的历史机遇。

新世界也是如此，纳帕的出名背靠旧金山的高速发展，而美国东海岸的手指湖产区的生存与发展，也算能沾上纽约的光。逢集的日子，手指湖产区的酿酒师和酒庄庄主们就会开上车、拉上酒，到纽约去摆个摊，卖酒、推销，也欢迎纽约市民到自己的产区旅游、观光、游船、娱乐。澳大利亚最早出名的猎人谷离悉尼不算太远，在悉尼的经济辐射半径之内；而巴罗莎以及阿德莱德山丘等地的葡萄酒发展，无疑都得益于阿德莱德。在很多中国人的眼里，阿德莱德是个小城市，但在澳大利亚，阿德莱德并不算小，何况还有"澳八"之一的阿德莱德大学领头的三所大学和研究机构。

中国的葡萄酒产区同样得到城市的滋养。早期发展的烟台葡萄酒产区，就已经得益于烟台市的发展，而这些年异军突起的宁夏产区，人们可能更多注意到是有政府决策与支持等优势条件，但最早也是目前最成功的一批酒庄都位于银川市不远的地方，大约开车1小时即可到达。这样的地理条件使优秀的酿酒师和管理人才可以安心地把家安在生活条件方便的省会银川，孩子有不错的学校可上，夫妻中的另一方如果不在葡萄酒行业工作，城市也提供了较为充足的就业机会。每天能够从工作场所回家是令人安心和欣喜的，比一个长期远离家庭独居酒庄的从业人员可能幸福感更高，幸福、安心的核心从业者群体对一个产区的意义是不言而喻的。

对于飞行酿酒师和葡萄酒评论家来说，背靠大城市交通方便的产区同样优势明显。对于国际酿酒师和葡萄酒作家来说，坐10个小时左右的国际航班，然后再用较少时间就可以方便抵达的产区显然更有吸引力。北京是超级城市中的翘楚，首都机场和大兴机场两个国际机场将全国以及全世界用直飞航班联系在一起。在北京举办葡萄酒活动，其意义和居高一呼的声势是其他城市所不能比拟的。北京的人才聚集效应在全国也是名列前茅，怀来葡萄酒产区离北京只有大约1.5小时的车程，为高级酿酒师和高层次管理人才提供的吸引力非常强。

二、怀来优势葡萄产区

怀来种植葡萄的历史早于北京成为都城的历史。从张骞出使西域带回葡萄，封建时代葡萄的种植在中国一直是一个向东、向南缓慢推进的过程，从新疆到甘肃，从甘肃到陕西，从陕西到山西和河北。葡萄种植所受到的最大阻力就是我国大陆季风气候下欧亚种葡萄的病害威胁，在过去的"有机"时代，任何作物的种植基本就是靠天吃饭的命运，适者生存的自然法则，葡萄的种植在很多地方真是"非不想也，乃不能也"。

葡萄原产于黑海、里海附近的广大地区，到了夏季高温多雨的中国，只有在一些高海拔、降雨较少的地区才能定植下来，形成规模化的栽培。怀来尽管离北京很近，但地理上已经有很大的不同，北京市的平均海拔只有43.5米，而怀来县平均海拔792米，最低处也有394米，1000米以上的山峰有40多个。按照海拔每上升100米，温度降低0.6℃的大致规律，怀来夏天的温度明显比北京凉快就很好理解了。怀来的年降水量比北京要少50～100毫米，气候上，在北京周边没有什么地方比怀来更适合种植葡萄了。

怀来产区的土壤也很有意思。著名作家丁玲写过《太阳照在桑干河上》，桑干河汇集到一个人们可能更为熟悉的名字——永定河。历史上，人们常常反话正说，或者正话反说。原来好望角叫风暴之角（Cape of Storm），大约觉得不吉利，英国人改成了好望角（Cape of Good Hope），永定河还有个名字叫"无定河"。永定河上游流经山西黄土高原，河水含沙量大，得小名儿"浑河"。泥沙量大的河流，到下游流速变缓，泥沙沉淀就常使河道淤积，抬高河床，必然导致河流改道，永定河也不例外，因为河道迁徙不定而得名"无定河"。所谓"永定"，其实是寄托着过去人们的美好希望。永定河还有大大小小的支流包括妫水河，以及支流的支流，不少都是季节性的河流，降水丰年和干旱的年份水量差别很大。永定河及其支流在历史上的不停改道加上夏季的洪水，在怀来盆地形成大大小小的冲积扇和洪积扇，堆叠出层层差异的地质与土壤结构，加上朝向和有差异的海拔高度，为小地块、单一园、风土的深入探索提供了极好的基本条件。

葡萄在怀来地区的种植历史已经有1000年左右，早期都是鲜食葡萄。最出名的两个品种一个是龙眼，一个是白牛奶。龙眼还用于白葡萄酒的酿造，我曾经尝到怀来产区一款令人惊艳的龙眼葡萄酒，新酒的香气让我觉得是长相思和白诗南的调配。而白牛奶葡萄曾经是北京市民中秋节最好的礼物，这个品种本身也有非常悠久的历史，可以一直追溯到中东一个叫"Hussain"的古老品种。

怀来不仅有悠久的葡萄栽培历史，现代葡萄酒产业更是值得一看，30多个酒庄，提供了丰富而个性化的葡萄酒旅游资源。中粮长城葡萄酒最早的基地和酿酒厂就在怀来，后来建成的长城桑干酒庄不仅是中国酒庄酒的标杆性企业，同时还有良好的旅游接待条件和设施。1999年由中国和法国政府落地建设的中法庄园，探索了埋土防寒条件下高品质酿酒葡萄的栽培模式，所采用的标准化"倒L"形架式，对我国高品质酿酒葡萄园架式的选择产生了深远的意义，在很多地方被采用或经过本地化改造后使用，对我国酿酒葡萄园建设具有标志性的意义。

中法庄园酒厂的设计和内部设施也树立了标杆，今天国内酒厂管线的布置越来越合理、一次性到位，不少酒庄购买使用了可变容量罐，更好地减少了小量产品的氧化。葡萄品种中优选出的马瑟兰和小芒森，也成为相当成功的引进品种，在国内主要产区进行了试种，马瑟兰成为中国葡萄酒的明星品种。在中法庄园的探索之后，迦南酒业继续了怀来产区的风土探索，高质量的标准化栽培、行间生草、注重生态，将酒庄打造成一个文化综合体，而迦南和中法庄园两个品牌，不同的风格与定位，更是怀来产区风格多样性可能的注释。迦南酒业的邻居紫晶酒庄不仅酿造、调配与邻居不同风格的马瑟兰，而且探索了匈牙利橡木桶的应用，形成了自己的风格与特色。马丁、红叶等怀来酒庄，也都有自己的风貌、市场和独特性。怀来葡萄酒拿到的国际和国内奖项林林总总，整体风格以饱满、优雅而著称。

三、怀来对北京的旅游吸引力

大型和超大型城市会产生大量的短途旅游需求，不管是城市居民，还是城市的访客。城市周边游从个体看是弹性需求，而从整体看则是社会和谐的刚需。过去十多年的时间，中国家庭的汽车保有量迅速增加，除了自驾游，各种小团队的精品游、自助游也快速增长。200千米左右半径的周末游成为很多家庭和朋友圈最喜欢的周末游范围。

怀来城始建于唐代，公元916年，辽太祖建置州县统治，改怀戎为怀来，"戎"指中国古代的西部民族，怀来即取少数民族归顺之意，怀来一直处于汉族与北方少数民族的拉锯之地，也是文化融合之地。长城是怀来境内一个重要的旅游主题，有战国时期的燕长城、明代"庙港样边"长城，当然不远处还有游人摩肩接踵的八达岭长城。在迦南酒庄的葡萄园里就有古老的烽火台，修葺一番以后不仅为观看葡萄园提供了一个登高之处和摄影的绝佳角度，也为酒庄和产区增加了历史的厚重感和文化气息。与明长城同时代且功能相关的镇边城是我国少见的几乎为全石质建筑的交通要道上的堡垒，也是怀来旅游的重要景点。

天皇山石窟凿刻于北魏时期，而1449年发生土木之变的土木堡一带如今种植了不少的酿酒葡萄，适合凭古忧思，体验历史的穿越感。鸡鸣驿是成吉思汗率兵西征时建立的驿站，到了明朝永乐年间成为进京的第一大驿站，1900年慈禧太后和光绪皇帝逃往西安，曾在鸡鸣驿住宿。无论是进京、出京还是护京，怀来重要旅游景点的历史几乎都和北京这座三朝古都联系在一起，正是这些将地理的怀来，通过时间的线索与北京的历史与事件紧密相连。

怀来的景色也是极佳，是摄影爱好者出片的好地方。官厅水库四周的葡萄园，缓缓旋转的高耸的风力发电机，远处的山景，有山有水，有河流。怀来的春天比北京略晚一些，有很多的山杏，不刮风的时候非常适合春游。怀来夏天凉快，适合避暑自不用说，夏秋季老乡会把桃子、西瓜、葡萄、沙果、花生、大枣、山楂等各种时令瓜果摆放在路边销售，冬季虽然整体气候干燥，降雪不多，下雪的日子怀来盆地的山景也是极美，还可以到人造的雪场体验滑雪的乐趣，顺便去延庆的龙庆峡冰灯节上溜达一圈也是不错的选择。

鱼羊为鲜，怀来的羊肉、官厅水库的鱼虾都算特色。做法上，从宏大正式的烤全羊，到轻松愉快的烤串儿，从水煮、红烧水库鱼及当地的鱼头泡饼，到干炸的小虾和鱼子。黑山口香椿炒鸡蛋是季节性美食，喜欢素食的话有传统卤水豆腐，整一桌豆腐宴不在话下。无碳水不欢，怀来的莜面、土豆面、炖土豆都充满了滋味。随便一个餐厅，新鲜的蔬菜和各种各样的瓜果，让北京人得以品尝风土的味道。我到访怀来很多次，每次都在怀来吃得醅畅淋漓。

怀来与北京之间的交通非常方便，原本经常堵车的八达岭高速，随着北京到延庆世园会高速道路的建成，让汽车出行变得相当便捷。除了跟团和自驾，京张高铁的通行也为强化怀来与北京之间的交通往来提供了极大的便利。怀来算得上北京的后花园，如同卢瓦尔河流域是巴黎的后花园，见证了不少历史的演变与人来人往，而2022年的北京-张家口冬奥会，怀来正是两个会场的穿针引线之地，怀来与北京的关系也将更加密切。

四、强化怀来与北京的关系

葡萄酒产区与城市的关系，可能更多的是城市塑造葡萄酒产区，而非相反，毕竟城市的体量和综合影响力会更多影响葡萄酒产区的发展，并在一定程度上赋予产区自己的精神气质。波尔多葡萄酒产区与纳帕谷葡萄酒产区的精神气质，是在国家文化和城市文化差异的基础上形成的，同样意大利北部的葡萄酒产区也有与南部产区不同的精神气质。特拉维夫和耶路撒冷之间的葡萄园，在我作为一个外人看来可能更受到特拉维夫创新精神和商业气息的影响。

北京是三朝古都，中华人民共和国的首都也选择了北京，城市有悠久的历史和深厚的文化氛围。与西安、开封、洛阳等古都相比，北京在政治中心的气质上又具有现代性和国际化的特征；与同为国际性大都市的上海相比，京派文化可能更富有本土性、融入了更多北方文化的元素，蕴含更为宏大的心理追求。

强化怀来葡萄酒产区与北京的联系，也是京津冀一体化大背景下的实践操作。葡萄酒和葡萄酒产区的推介需要更好地理解和满足消费者的需要。葡萄酒旅游是促进产区与消费者沟通的重要手段，而细分市场意味着需要明确吸引谁、接待谁、如何接待的问题。面对北京大量的葡萄酒旅游消费者，对具体的酒庄来说需要考虑的是重点满足北京本地消费者的需求，还是侧重于以首都葡萄酒产区的名义吸引每年到访北京的国内外游客？是否可以推出标准化、模块化、弹性化的不同线路，将消费者游、赏、乐的内容包括进去？

葡萄酒和酒庄游可以自成主题，也可以是怀来丰富的旅游内容的一部分。酒庄不仅是葡萄酒的中心，也可以是高端消费者晚上的住宿地、美食的提供地和白天参观活动的出发地。小团队主题游是适合酒庄开展的活动，实际上酒庄限于规模和接待能力通常并不适合很大的旅游团。大型团除了达成到访人数的目标，客源旅游的目标性与葡萄酒推广匹配的效果并不见得很好。对有接待能力的大型酒庄，接大团，走马观花，通过特定产品或团餐增加曝光度和消费者黏性，至少可以做到稍有盈余。而对于小型走精品路线的酒庄，通过网上召集的十来个人的精品团、自驾游，目标群体定位更加清晰，消费者的黏性也会更高。

邻近北京，怀来的酒庄也很容易走出来，到城中开展各种各样的葡萄酒活动，形成来往的互动。怀来酒庄的核心人员都很熟悉北京，要么家在北京，在北京有产业，或者曾经长期在北京工作。熟悉这座城市和它的脉动是巨大的优势，校友、朋友圈、社交圈、社区的资源都为怀来葡萄酒产区、品牌和产品的推广创造了良好的条件。

怀来以目前的发展规划，大体上不会再有什么大型的酒庄出现，品质和特色将是未来发展和不断提升的目标。天子脚下几百年，怀来见过风起云涌、朝来夕往，产区的基底里蕴含着一些云淡风轻、平静从容。在北京数百年古都的精神与文化气场下，怀来既是自己，在宿命上又是北京宏大历史与引力场的一部分。怀来葡萄酒产区也许在发展中只有不断沉思"哲学三问"：我是谁？从哪里来？到哪里去？才可能不断精细定义自己，找寻道路的方向，用好一个伟大城市所提供的历史发展机遇。

从而书写，一个葡萄酒产区与一个超大型城市间的精彩故事。

作者简介:

马会勤博士是中国农业大学教授,葡萄酒专家,主要从事葡萄栽培和葡萄酒市场学研究,非常关注并积极参与葡萄酒市场和国内葡萄酒产区的发展。她还是一名热心的葡萄酒教育者,长期讲授"葡萄酒文化与鉴赏"课程,主持微信公众号"葡萄酒知识局"。她是英文学术期刊*Wine Economics and Policy*的亚洲区编委,并担任多个国际葡萄酒比赛的评委,业余时间也为葡萄酒刊物撰写酒评等。

葡萄月令

汪曾祺

一月，下大雪。

雪静静地下着。果园一片白。听不到一点声音。

葡萄睡在铺着白雪的窖里。

二月里刮春风。

立春后，要刮四十八天"摆条风"。风摆动树的枝条，树醒了，忙忙地把汁液送到全身。树枝软了。树绿了。

雪化了，土地是黑的。

黑色的土地里，长出了茵陈蒿。碧绿。

葡萄出窖。

把葡萄窖一锹一锹挖开。挖下的土，堆在四面。葡萄藤露出来了，乌黑的。有的梢头已经绽开了芽苞，吐出指甲大的苍白的小叶。它已经等不及了。

把葡萄藤拉出来，放在松松的湿土上。

不大一会，小叶就变了颜色，叶边发红；——又不大一会，绿了。

编者注：描述葡萄与葡萄酒的古诗词很多，但总是感觉与怀来葡萄关系不大。如果说与怀来葡萄关系较近，被广为传颂的文章，当数被誉为"最后一个士大夫"的汪曾祺先生的《关于葡萄》。文章发表于1981年，然而，描述对葡萄的情感，却是他下放张家口农科所时的生活体验。汪朗老师（汪曾祺先生长子，散文作家、美食家、资深媒体人）在《随遇而安的三年》中提到，当时汪曾祺先生做的都是重体力劳动，对于一个上学时体育都要补考的文弱书生，肯定受过不少煎熬。但是，汪老从来没有细说过当年劳动改造受过的苦难，相反，这一段生活在他的笔下还挺有诗意。

《关于葡萄》是一篇果农和文人都能看懂的轻松文章，当我们要认真地编撰《中国怀来与葡萄酒》书籍的时候，肯定要加上这段文字，让读者可以感受到葡萄园里另外一种形式的美好。再说，怀来也是张家口的一部分，怀来葡萄产业的发展，张家口农科所应该也做出了贡献吧？经汪朗老师许可，我们将《葡萄月令》(《关于葡萄》分为《葡萄与爬山虎》《葡萄的来历》《葡萄月令》3个部分）放在了本书中。时值汪老百年诞辰，以表对他的敬意。

三月，葡萄上架。

先得备料。把立柱、横梁、小棍，槐木的、柳木的、杨木的、桦木的，按照树棵大小，分别堆放在旁边。立柱有汤碗口粗的、饭碗口粗的、茶杯口粗的。一棵大葡萄得用八根、十根，乃至十二根立柱。中等的，六根、四根。

先刨坑，竖柱。然后搭横梁，用粗铁丝摽紧。然后搭小棍，用细铁丝缚住。

然后，请葡萄上架。把在土里趴了一冬的老藤扛起来，得费一点劲。大的，得四五个人一起来。"起！——起！"哎，它起来了。把它放在葡萄架上，把枝条向三面伸开，像五个指头一样地伸开，扇面似地伸开。然后，用麻筋在小棍上固定住。葡萄藤舒舒展展，凉凉快快地在上面待着。

上了架，就施肥。在葡萄根的后面，距主干一尺，挖一道半月形的沟，把大粪倒在里面。葡萄上大粪，不用稀释，就这样把原汁大粪倒下去。大棵的，得三四桶。小葡萄，一桶也就够了。

四月，浇水。

挖窖挖出的土，堆在四面，筑成垄，就成一个池子。池里放满了水。葡萄园里水气泱泱，沁人心脾。

葡萄喝起水来是惊人的。它真是在喝哎！葡萄藤的组织跟别的果树不一样，它里面是一根一根细小的导管。这一点，中国的古人早就发现了。《图经》云："根苗中空相通。圃人将货之，欲得厚利，暮溉其根，而晨朝水浸子中矣，故俗呼其苗为木通。""暮溉其根，而晨朝水浸子中矣"，是不对的。葡萄成熟了，就不能再浇水了。再浇，果粒就会涨破。"中空相通"却是很准确的。浇了水，不大一会儿，它就从根直吸到梢，简直是小孩嗍奶似地拼命往上嗍。浇过了水，你再回来看看吧：梢头切断过的破口，就"嗒嗒"地往下滴水了。

是一种什么力量使葡萄拼命地往上吸水呢？

施了肥，浇了水，葡萄就使劲抽条、长叶子。真快！原来是几根根枯藤，几天工夫，就变成青枝绿叶的一大片。

五月，浇水，喷药，打梢，掐须。

葡萄一年不知道要喝多少水，别的果树都不这样。别的果树都是刨一个"树碗"，往里浇几担水就得了，没有像它这样的"漫灌"，整池子地喝。

喷波尔多液。从抽条长叶，一直到坐果成熟，不知道要喷多少次。喷了波尔多液，太阳一晒，葡萄叶子就都变成蓝的了。

葡萄抽条，丝毫不知节制，它简直是瞎长！几天工夫，就抽出好长的一节的新条。这样长法还行呀，还结不结果呀？因此，过几天就得给它打一次条。葡萄打条，也用不着什么技巧，是个人就能干，拿起树剪，噼噼啪啪，把新抽出来的一截都给它铰了就得了。一铰，一地的长着新叶的条。

葡萄的卷须，在它还是野生的时候是有用的，好攀附在别的什么树木上。现在，已经有人给它好好地固定在架上了，就一点用也没有了。卷须这东西最耗养分——凡是作物，都是优先把养分输送到顶端，因此，长出来就给它掐了，长出来就给它掐了。

葡萄的卷须有一点淡淡的甜味。这东西如果腌成咸菜，大概不难吃。

五月中下旬，果树开花了。果园，美极了。梨树开花了，苹果树开花了，葡萄树也开花了。

都说梨花像雪，其实苹果花才像雪，雪是厚重的，不是透明的。梨花像什么呢？——梨花的瓣子是月亮做的。

有人说葡萄不开花，哪能呢！只是葡萄花很小，颜色淡黄微绿，不钻进葡萄架是看不出的。而且它开花期很短。很快，就结出了绿豆大的葡萄粒。

六月，浇水、喷药、打条、掐须。

葡萄粒长了一点了，一颗一颗，像绿玻璃料做的纽子。硬的。

葡萄不招虫。葡萄会生病，所以要经常喷波尔多液。但是它不像桃，桃有桃食心虫；梨，梨有梨食心虫。葡萄不用疏虫果。——果园每年疏虫果是要费很多工的。虫果没有用，黑黑的一个半干的球，可是它耗养分呀！所以，要把它"疏"掉。

七月，葡萄"膨大"了。

掐须、打条、喷药，大大地浇一次水。

追一次肥。追硫铵。在原来施粪肥的沟里撒上硫铵。然后，就把沟填平了。把硫铵封在里面。

汉朝是不会追这次肥的，汉朝没有硫铵。

八月，葡萄"着色"。

你别以为我这里是把画家的术语借用来了。不是的。这是果农的语言，他们就叫"着色"。

下过大雨，你来看看葡萄园吧，那叫好看！白的像白玛瑙，红的像红宝石，紫的像紫水晶，黑的像黑玉。一串一串，饱满、磁棒、挺括，璀璨琳琅。你就把《说文解字》里的带玉字偏旁的字都搬了来吧，那也不够用呀！

可是你得快来！明天，对不起，你全看不到了。我们要喷波尔多液了。一喷波尔多液，它们的晶莹鲜艳全都没有了，它们蒙上一层蓝兮兮、白糊糊的东西，成了磨砂玻璃。我们不得不这样干。葡萄是吃的，不是看的。我们得保护它。

过不了两天，就下葡萄了。

一串一串剪下来，把病果、瘪果去掉，妥妥地放在果筐里，果筐满了，盖上盖，要一个棒小伙子跳上去蹦两下，用麻筋缝的筐盖。——新下的果子，不怕压，它很结实，压不坏。倒怕是装不紧，哐里哐当的。那，来回一晃悠，全得烂！

葡萄装上车，走了。

去吧，葡萄，让人们吃去吧！

九月的果园像一个生过孩子的少妇，宁静、幸福，而慵懒。

我们还要给葡萄喷一次波尔多液。哦，下了果子，就不管了？人，总不能这样无情无义吧。

十月，我们有别的农活。我们要去割稻子。葡萄，你愿意怎么长，就怎么长着吧。

十一月，葡萄下架。

把葡萄架拆下来。检查一下，还能再用的，搁在一边。糟朽了的，只好烧火。立柱、横梁、小棍，分别堆垛起来。

剪葡萄条。干脆得很，除了老条，一概剪光。葡萄又成了一个大秃子。

剪下的葡萄条，挑有三个芽眼的，剪成二尺多长的一截，捆起来，放在屋里，准备明春插条。

其余的，连枝带叶，都用竹筲帚扫成一堆，装走了。

葡萄园光秃秃。

十一月下旬，十二月上旬，葡萄入窖。

这是个重活。把葡萄藤放倒，挖土把它埋起来。要埋得很厚实。外面要用铁锹拍平。这个活不能马虎。都要经过验收，才给记工。

葡萄窖，一个一个长方形的土墩墩。一行一行，整整齐齐地排列着。风一吹，土色发了白。

这真是一年的冬景了。热热闹闹的果园，现在什么颜色都没有了。眼界空阔，一览无余，只剩下发白的黄土。

下雪了。我们踏着碎玻璃碴似的雪，扛着铁锹，检查葡萄窖。

一到冬天，要检查几次。不是怕别的，怕老鼠打了洞。葡萄窖里很暖和，老鼠爱往这里面钻。它倒是暖和了，咱们的葡萄可就受了冷啦！

注：本文原载于一九八一年第十二期《安徽文学》，摘自《汪曾祺自选集》，北京：商务印书馆，2015（2018.10重印）。

作者简介：

汪曾祺（1920年3月5日至1997年5月16日），江苏高邮人，中国当代作家、散文家、戏剧家、京派作家的代表人物。被誉为"抒情的人道主义者，中国最后一个纯粹的文人，中国最后一个士大夫"。

怀来葡萄酒
未来可期

怀来产区与全世界的葡萄酒产区一样，都像椅子一样有四只脚：风土+气候+葡萄品种+酿造，怀来产区也不会例外。过不了多久，我将能品尝到越来越多的来自怀来产区的优质葡萄酒——非常值得谈论的葡萄酒，对此，我充满信心。

——史蒂芬·史普瑞尔（Steven Spurrier）

第八章

快速成长中的怀来葡萄酒品牌

　　1976年首批干白葡萄酒在怀来的问世，为这片土地带来了生机。由此，怀来葡萄酒产业蓬勃地发展起来。长城葡萄酒、桑干酒庄从这里出发，走向国宴舞台，见证了祖国无数高光时刻。1999年，中法农业部合作的示范项目中法庄园落地怀来。中法庄园兼具生产性和科研性，成为连接中国与法国在葡萄酒方面深入交流的平台之一。进入21世纪，紫晶、贵族、迦南、瑞云、艾伦等一批精品酒庄扎根于此，马丁、家和、长城酿造、龙泉等酒厂向酒庄成功转型，产业规模进一步壮大。如今，怀来产区已坐拥41家葡萄酒生产企业，名优品牌30多个，国内外知名葡萄酒奖项800多项，它们以不同姿态呈现着怀来产区的风土，诉说着怀来产区的故事。

中国长城葡萄酒有限公司

成立时间：1983年

企业所在地：沙城镇工业街

联系人：办公室

联系电话：0313-6232286

注册资金：1.8亿元

产品品牌：长城

产品系列：干红、干白、半干、半甜、甜白、加香、起泡、蒸馏酒类

一、基本情况

中国长城葡萄酒有限公司是生长于怀来的一张"中国葡萄酒名片"。

1983年建厂以来，公司累计产销葡萄酒75万吨，实现利税44亿元。公司以"中国长城、红色荣耀"为战略定位，以满足人民日益增长的美好生活需要为导向，通过新战略引领和大单品聚焦，致力于构建世界葡萄酒的第三极，不断推动长城葡萄酒的高质量发展。

公司获得质量（ISO9001）、食品安全（ISO22000）、环境（ISO14001）、职业健康及安全（OHSAS18001）管理体系认证。通过国家"良好农业规范（GAP）"认证、中食联盟酒类优级产品认证，是国家安全生产标准化二级企业。

二、生产能力

公司拥有国际一流的专业生产线6条，年冷冻生产能力8.88万吨，年灌装能力6万吨，现有国内最早建设的水泥窖池1283个，橡木桶9152个；成品仓储能力100万箱；日发货能力7万箱；公司自有基地1222亩（其中沙城392亩、桑干830亩），土木公司管理基地1757亩，协议基地550亩。

三、技术力量

公司是集葡萄种植、葡萄酒研发、生产和销售一体化的专业葡萄酒企业。现占地面积21万平方米、建筑面积7万平方米，员工314人，其中大专以上学历者占40.6%，专业技术员工占31.2%，在职党员63人。目前拥有国家评酒委员7人、国家资品酒师19人、国家资质酿酒师11人。

企业主要活动

1990年北京亚运会标志产品，2008年北京奥运会葡萄酒独家供应商，2010年上海世博会、广州亚运会，2014年北京APEC峰会、2014年索契冬奥会、亚信峰会指定用酒，2019年第十一次携手博鳌亚洲论坛，自1986年起一直供应人民大会堂、钓鱼台国宾馆、中国驻外使领馆等，国家最高领导人频频在各种国宴上举杯长城，款待世界。

获得"干白葡萄酒新工艺研究（1987年）"和"长城庄园模式的创建及庄园

葡萄酒关键技术的研究与应用（2005年）"两项国家科技进步二等奖。科学技术方面累计获国家、省、部、行业协会等奖项70余次。

长城干白葡萄酒1979年首获国家金奖，1983年、1984年、1986年相继获伦敦、马德里、巴黎品酒会金银奖。目前产品累计获得300多项国际、国内大奖。其中龙头产品长城干白葡萄酒先后荣获8次国家金奖，11次国际评酒会金、银奖，产品质量达到了国际先进水平。

2019年五星干红获IWC伦敦特等奖，为中国首款获此荣誉的产品。

企业主要获奖证书及产品

2019年10月30日，全球最具影响力葡萄酒酿酒大师之一、长城葡萄酒首席酿酒师米歇尔·罗兰再次来到中国，到访长城酒业。访问过程中，罗兰先生与长城酿酒师交流互动，就品种选择、种植采摘、工艺技术、葡萄园管理等环节给出中肯建议，并以身传道，向长城酿酒师传授多年酿造经验与心得，与各位长城酿酒师一起，以专业和匠心为长城品质代言。

部分重要奖项
1979—2019年重要奖项一览

1979年，干白葡萄酒荣获国家金质奖章。

1983年，酿酒原料优良品种选育——干白葡萄酒新工艺的研究获得轻工业部科技局技术鉴定证书。

1983年，长城白葡萄酒荣获英国伦敦国际第十四届评酒会银奖。

1984年，长城白葡萄酒荣获西班牙马德里国际第三届酒类饮料赛金奖。

1984年，干白葡萄酒荣获马德里国际酒类大赛金奖。

1986年，长城白葡萄酒荣获法国巴黎国际第十二届食品博览会金奖。

1987年，干白葡萄酒新工艺的研究获得国家科技进步二等奖。

1992年，长城香槟法起泡葡萄酒荣获泰国曼谷首届国际名酒博览会特别金奖。

2005年，中国长城牌VSOP白兰地荣获伦敦国际评酒会特别金奖。

2005年，长城庄园模式的创建及庄园葡萄酒关键技术的研究与应用荣获国家科学技术进步奖二等奖。

2019年，长城五星赤霞珠干红葡萄酒2016荣获Decanter世界葡萄酒大赛银奖。

2019年，长城龙眼干白（钻石版）荣获Decanter世界葡萄酒大赛银奖。

部分重要奖项

2019年，长城金钻赤霞珠荣获IWC国际葡萄酒品评赛金奖。

其他荣誉

2002年，公司被认定为"农业产业化国家重点龙头企业"。

2007年，被国家五部委认定为"国家认定企业技术中心"。

2009、2011年被认定为"河北省葡萄酒工程技术研究中心"和"国家（CNAS）认可实验室"。

其他荣誉

中粮长城桑干酒庄（怀来）有限公司

成立时间：2009年

企业所在地：沙城镇东水泉村

联系人：办公室

联系电话：0313-6840287

自有葡萄园面积：1120亩

种植品种：西拉、赤霞珠、梅鹿辄、雷司令等

产品品牌：长城桑干酒庄

产品系列：干红、干白、半干、半甜、桃红、传统法起泡酒类

品牌故事 ——————————————————

一、基本情况

1978年，由轻工业部牵头、国家五部委联合考察，将中国葡萄酒的第一块试验田选定于怀来盆地，在这里诞生了中国第一瓶干型葡萄酒，亦开启了长城桑干酒庄走向世界级东方名庄的辉煌之路。

长城桑干酒庄坐落于河北省张家口市怀来县沙城镇东水泉村东，距北京西北方向约100千米，地处燕山和太行山脉形成的怀涿盆地腹心，桑干河、洋河交汇于此，地理坐标东经115°32′、北纬40°21′，正处在世界酿酒葡萄黄金种植带。

二、风土条件

气候条件：酒庄葡萄园地处中温带半干旱冷凉区，属温带大陆性季风气候，具有四季分明、光照充足、昼夜温差适宜等气候特点，非常适宜种植酿酒葡萄。

微气候条件：酒庄位于燕山余脉、太行山余脉交叉而形成的V字形的怀涿盆地，处于地热温泉断裂带；受到桑干河、洋河交汇左岸影响，形成了独特的河谷微气候条件。年积温3400～3800℃；年光照时间2700～2900小时；无霜期180～210天；年平均降雨量370mm；海拔480～495米。

土壤条件：受北半球地球自转偏向力影响，河流左岸泥沙逐年淤积，土层深厚，以沙壤土和砂砾为主，含有一定比例的褐壤土和黏土，属200万年的泥河古化石土壤，适当的肥力与良好的排水性，孕育着75公顷、40多年黄金树龄葡萄园，使得这里的酿酒葡萄以最自然舒展的姿态生长着。

三、葡园情况

中粮长城桑干酒庄葡园占地1122.5亩，种植着从法国、德国引进的著名酿酒葡萄十余种，如雷司令、长相思、赛美蓉、霞多丽、白诗南等白色品种；赤霞珠、西拉、梅鹿辄、黑皮诺、增芳德等红色品种；白玉霓、白福尔、鸽笼白等白兰地酒用品种和琼瑶浆等甜白葡萄酒用品种。近年又引进小芒森、马尔贝克、小味儿多等酿酒用新品种和SO4、5BB等砧木品种。长城桑干酒庄葡萄种植园已成为国内建园最早、规模大、树龄长、品种全、起点高的国际名优葡萄品种或株系的葡萄园区。

酒庄葡园在国内率先通过了国家良好农业规范（GAP）认证，实现了优质葡萄原料的安全保障体系。先进的滴灌系统，实现了园区全自动控制灌溉、施肥。长城桑干酒庄的种植管理现已实现区域化、标准化、机械化和灌溉自动化。

四、产品线

酒庄目前拥有以首席酿酒师酿制赤霞珠干红葡萄酒、西拉干红葡萄酒、梅鹿辄/赤霞珠干红葡萄酒为主的高端干红产品系列；雷司令干白葡萄酒等高端干白产品系列；琼瑶浆甜白葡萄酒、传统法起泡葡萄酒、白兰地等其他葡萄酒产品。

五、生产能力

桑干酒庄拥有9300平方米的生产车间以及8200平方米的地下酒窖，年发酵能力1000吨、储酒能力4000吨；配备国际先进的3000瓶/小时意大利全自动生产线。

酒庄拥有2781平方米的科研楼、现代化分析研究仪器、3000平方米的现代化苗木繁育中心和日处理量达150吨废水的污水处理站，使得长城桑干产品从产品研发、成分研究、品质控制、质量保障、生态环保、旅游观光等方面都达到了国内、国际领先水平。

六、技术力量

长城桑干酒庄现有员工112人，各类专业技术人员25人，国家级评委5人，国家级酿酒师6人，国家级品酒师12人。

企业主要活动

2017年11月，国际著名酒评家詹姆斯·萨克林及一众世界名庄庄主到访桑干酒庄，在参观和品鉴过后，对桑干酒庄给予了"东方名庄"的赞赏。

2018年4月，国际著名葡萄酒飞行酿酒师米歇尔·罗兰先生到访酒庄，与长城酿酒师团队一起工作，探讨新年份的调配方案。

2019年2月，国际著名酒评家、葡萄酒大师杰西斯·罗宾逊女士到访桑干酒庄，对桑干酒庄传统法起泡酒给予了高度评价。

2019年11月，国际著名酒评家米歇尔·贝丹先生到访桑干酒庄，品尝酒款后，贝丹先生坦言"长城葡萄酒带给了我难忘的记忆"，并表示西拉干红是他最喜欢的干红酒款，而对他品尝多次的传统法起泡酒2006给予的评价是"Excellent"。

中国 怀来 HWAILAI WINE REGION 与葡萄酒

詹姆斯·萨克林、米歇尔·罗兰先生到访

杰西斯·罗宾逊到访

米歇尔·贝丹到访

企业部分荣誉

2008年，长城桑干超越2008全球限量珍藏版葡萄酒被瑞士洛桑博物馆永久收藏。

2009年，时任美国总统奥巴马访华宴会用酒。

2010年，上海世博会唯一官方指定葡萄酒。

2014年，APEC会议及亚信峰会官方指定用酒。

2016年，G20杭州峰会高级赞助商及指定产品。

2017年，金砖国家峰会宴会指定用酒，时任美国总统特朗普访华宴会用酒。

2009—2019年，长城桑干连续十一年作为博鳌亚洲论坛会议用酒。

2018年，长城桑干成为法国总统马克龙、英国首相特蕾莎·梅、朝鲜最高领导人金正恩、德国总理默克尔等外国领导人访华宴会用酒，以及中非论坛北京峰会等重大外交场合宴会用酒。

部分重要奖项

长城桑干酒庄梅鹿辄/赤霞珠干红2012，荣获2017年布鲁塞尔国际葡萄酒大赛金奖。

长城桑干酒庄琼瑶浆甜白葡萄酒2017，荣获伦敦国际葡萄酒挑战赛IWC银奖。

部分重要奖项

怀来中法庄园葡萄酒有限公司

成立时间：2000年

企业所在地：东花园镇太师庄村

联系人：办公室

联系电话：0313-6849666

自有葡萄园面积：350亩（23公顷）

产品品牌：中法庄园、东花园

产品系列：干红、甜白葡萄酒

中法庄园（Domaine Franco Chinois），这座由两个国名命名的酒庄，见证了中法两国葡萄酒人对完美的不懈追求。

1997年，中国与法国国家领导人的一次会晤，开启了两国在葡萄与葡萄酒领域的正式合作。

2000年，"中法示范农场"正式开始建园，矢志成为中国葡萄酒行业的标杆。

2010年，中法庄园成为迦南投资集团旗下酒庄，与毗邻的迦南酒业成为姐妹酒庄。

中法庄园地处怀来产区，在距离北京八达岭长城15千米的怀来县东花园拥有23公顷葡萄园，以凸显产区风土极致和品种特色为使命，酿造中国精品葡萄酒。

二十多年的执着与深耕，中法庄园对怀来产区的卓越风土有着深入理解；尊重和顺应自然，通过严格精细的种植管理，结合精湛酿造工艺，使每一滴中法庄园葡萄酒都弥足珍贵；中法庄园也因此成为中法两国合作的典范。

中国 HWAILAI WINE REGION 与葡萄酒

企业部分荣誉

中法庄园荣获《2017贝丹德梭年鉴》（2017 Le Grand Guide de Bettane & Desseauve）"年度十佳酒庄"。

赵德升荣获《2017贝丹德梭年鉴》（2017 Le Grand Guide de Bettane & Desseauve）"年度中国酿酒师"。

中法庄园获得2020年度贝丹德梭行业榜单"最佳中国马瑟兰"

最佳中国马瑟兰

部分重要奖项

珍藏干红2014荣获2019国际葡萄酒品评赛（2019 IWC London）金奖。

东花园干红2015荣获2021发现中国·中国葡萄酒发展峰会金奖。

小芒森甜白2015荣获2020 Decanter世界葡萄酒大赛（London）金奖。

获奖照片

怀来迦南酒业有限公司

成立时间：2009年
企业所在地：东花园镇太师庄村
联系人：办公室
联系电话：0313-6849969
自有葡萄园面积：4500亩
种植品种：赤霞珠、美乐、西拉、霞多丽等20余个品种
产品品牌：诗百篇
产品系列：干白、干红、半干、半甜葡萄酒

诗百篇。

中国自古诗与酒芳华相倚，诗扬酒魂，酒蕴人生。

"诗百篇"出自唐代诗圣杜甫作品《饮中八仙歌》。

"诗百篇"，是迦南酒业对中国人民创造力的赞歌，更是对那些将热情和汗水倾注于滴滴美酒中的酿酒者的颂诗。迦南酒业期冀通过"诗百篇"，将中国葡萄酒的魅力，展现给全世界的爱酒之人。

2006年，迦南酒业组成国际顾问团队，包括气候、土壤种植专业学者及酿酒专家，考察中国各个葡萄酒产区后，最终选定怀来这片得天独厚的土地。2012年，酒庄建设完成，今日，迦南酒业已有275公顷种植面积的葡萄园和达百万瓶的产能。

怀来产区风土具有迷人的多样性，气候随着海拔的升高表现各异，为酿造优质葡萄酒提供了无尽可能；迦南酒业在平均海拔500～1000米的山丘、谷地拥有三处葡萄园，不同的气候下，种植着具有不同适应性和表现的20余个红白葡萄品种，凭借精细化管理的葡萄园与品种品系的多样性，成就佳酿。通过人与自然的协作，展现产区的特质。

第三篇
怀来葡萄酒 未来可期

企业主要活动

2014年7月29日至8月2日，参加在北京延庆举办的第十一届世界葡萄大会。

2019年10月23～25日，世界顶级酒展之一的国际葡萄酒及烈酒展览会（Vinexpo）首次在中国设展，迦南酒业·诗百篇作为国内为数不多的精品酒庄参加了展出，受到了业界及消费者的认可。

2016、2018、2019年，迦南酒业诗百篇3次参加素有"美酒奥斯卡"之称的"Le Grand Tasting Shanghai"酒展，参展酒款受到了米歇尔·贝丹、切里·德梭先生及专业人士的高度评价，迦南酒业诗百篇珍藏西拉2012获得《2016贝丹德梭年鉴》年度中国葡萄酒（唯一），迦南酒业获得《2016贝丹德梭年鉴》年度十佳酒庄。2019年11月5日，切里·德梭先生到访迦南酒业，认为迦南酒业绝对是国际水准的中国顶级酒庄。

2021年10月23日，迦南酒业诗百篇爱心赞助杭州建德慈善助学项目拍卖会，为贫困学子接受优质教育奉献了微薄力量。

拍卖会

2022年1月12日，迦南酒业成为崇礼太子城小镇的指定葡萄酒供应商，诗百篇葡萄酒进入崇礼太子城冰雪小镇接待中心、崇礼洲际酒店及崇礼逸衡酒店，将中国精品葡萄酒推向世界。

指定葡萄酒供应商签约仪式

部分重要奖项

迦南酒业荣获2020年度贝丹德梭行业榜单"最佳中国葡萄酒庄""最佳中国梅洛""最佳中国黑皮诺"以及"最佳中国西拉"。

诗百篇珍藏西拉2012荣获《2017贝丹德梭年鉴》（2017 Le Grand Guide de Bettane & Desseauve）"年度最佳葡萄酒"。

诗百篇珍藏西拉2014荣获2018 RVF中国优秀葡萄酒年度大奖赛（2018 RVF China）金奖。

诗百篇珍藏霞多丽2016荣获2018 RVF中国优秀葡萄酒年度大奖赛（2018 RVF China）银奖。

诗百篇珍藏赤霞珠干红2014荣获2020国际葡萄酒品评赛（2020 IWC London）银奖。

部分获奖荣誉

怀来紫晶庄园葡萄酒有限公司

成立时间：2008年

企业所在地：瑞云观乡大山口村

注册资金：1050万美元

联系人：马树森

联系方式：0313-6850366

自有葡萄园面积：600亩

种植品种：赤霞珠、美乐、霞多丽、马瑟兰、小芒森

产品品牌：紫晶庄园、丹边、延怀河谷

产品系列：干白、干红葡萄酒

品牌故事 ─────────────────────────────

一、基本情况

怀来紫晶庄园，位于中国优质葡萄酒产区河北省怀来县，距八达岭长城仅18千米。南有军都山，北有燕山，中有官厅水库，两山夹一湖形成了"V"形盆地。紫晶庄园就坐落在军都山北侧，北纬40°，海拔580米，从酒庄南望，军都山顶明代古长城遗址清晰可见。

历年来，紫晶美酒在比利时布鲁塞尔葡萄酒大赛、醇鉴世界葡萄酒大赛及德国柏林葡萄酒大奖赛等国际、国内重大赛事上荣获近200项大奖，并被《法国葡萄酒评论》杂志评选为中国年度最佳酒庄，进一步证明了紫晶酒品的品质水平。

专注品质，专注美好生活，紫晶庄园将继续努力，不负期待，将优质的葡萄酒奉献给品位不凡的你。

二、风土条件

上万年雨水的冲刷堆积造就了酿酒葡萄生长的绝佳土质，石灰石、火山砾石与沙壤土层交错，深度达数百米，透气透水性好，取用地下180米含有丰富矿物质的深层地下水进行葡萄园日常灌溉。

东西走向的山谷带来强劲季风，使得怀来空气干燥，大气透明度好，极少有病虫害。四季分明，昼夜温差大，土壤、光照、温度、降水各项自然条件如教科书一般完美，与优质酿酒葡萄生长期所需相吻合。

三、葡园情况

紫晶庄园自有葡萄园中有多个酿酒葡萄品种，既有赤霞珠、美乐、霞多丽等国际知名品种，又有马瑟兰、小芒森等优秀新品种。专业园艺师对葡萄园精细把控，保证葡萄品质。

葡萄进入成熟期后开始进行人工采收，随采随运，在最短时间内送达原料处理车间，以保证葡萄原料处于最新鲜的状态。随后，葡萄由分选人员进行穗选、粒选双重精选，不放过任何霉果、青果，充分保证原料品质。

四、生产能力

匈牙利酿酒顾问与酒庄酿酒师合作，利用气囊压榨机等高端进口设备对酿造的每道工序严格把控，并使用来自法国、美国等地的多种优质橡木桶进行陈酿，实时监测并选择最佳时机出桶进行灌装，从而得到独具特色、陈年到恰到好处的

企业部分活动

精品酒庄酒，部分产品可以陈年10年以上。

庄园自有高科技灌装设备，使用惰性气体保护酒液，彻底避免美酒在灌装过程中被氧化变质的可能。4000平方米的地下酒窖为葡萄酒提供了恒温恒湿的优良储存条件，更利于陈年。

部分重要奖项

丹边特选霞多丽2014荣获布鲁塞尔国际葡萄酒大奖赛金奖。

丹边2014庄主珍藏级品丽珠荣获柏林葡萄酒大赛金奖。

晶灵马瑟兰2016荣获"一带一路"（宁夏·银川）国际葡萄酒大赛金奖。

晶典马瑟兰2017荣获布鲁塞尔国际葡萄酒大奖赛金奖。

马树森荣获中国葡萄酒市场年度风云榜"2018中国葡萄酒市场年度风云人物"。

王柱荣获中国葡萄酒市场年度风云榜"2018中国葡萄酒年度杰出酿酒师"。

部分重要奖项

企业部分荣誉

《法国葡萄酒评论》杂志评选其为中国年度最佳酒庄。

企业部分荣誉

河北马丁葡萄酿酒有限公司

成立时间：1997年

企业所在地：桑园镇张家堡村

联系人：吴春山

联系方式：13041212785

自有葡萄园面积：200多亩

种植品种：赤霞珠、蛇龙珠、黑皮诺、梅鹿辄、马瑟兰、丹魄、霞多丽、雷司令、
小芒森等

产品品牌：马丁、马丁酒庄、馬丁、三地名庄

产品系列：干红、干白、桃红、甜白葡萄酒

马丁葡萄酒

品牌故事

一、基本情况

河北马丁葡萄酿酒有限公司（马丁酒庄）成立于1997年，占地面积30亩，建筑面积6000多平方米。酒庄地处河北省张家口市怀来县桑园镇，拥有两条葡萄酒生产线，酒庄酒生产线采用先进的粒选设备，每年可生产高端酒庄酒300吨，另外一条大生产线，采用意大利设备，可年产葡萄原酒5000吨。同时配备1000平方米的地下酒窖。

二、葡园情况

马丁酒庄自有酿酒葡萄基地200多亩，种植有赤霞珠、蛇龙珠、黑皮诺、梅鹿辄、马瑟兰、丹魄、霞多丽、雷司令、小芒森等酿酒品种，种植模式先进，葡萄产量可控，成熟度一致，为酿造高品质酒庄酒提供了原料保障。

三、技术力量

马丁酒庄酿酒团队在酿酒师李荣杰（国家一级品酒师、高级酿酒师）的带领下，近年来酿造出一批优质的葡萄酒，在国内外各种比赛中屡获殊荣，其中赤霞珠干红2012与黑皮诺干红2013是马丁酒庄首次申请酒庄酒证明商标的葡萄酒产品。

四、酒庄旅游

近年来，马丁酒庄响应政府号召，大力发展酒庄旅游产业，目前可以接待20～30人的高端团队，进行参观品酒、葡萄酒知识培训等。马丁酒庄热情欢迎各界朋友来酒庄参观指导。

马丁酒庄活动现场

部分重要奖项

马丁酒庄小西拉干红2015荣获Decanter世界葡萄酒大赛银奖。

马丁酒庄霞多丽干白2016荣获中国优质葡萄酒挑战赛质量金奖。

马丁酒庄小西拉干红荣获2019发现中国·中国葡萄酒发展峰会"年度十大中国葡萄酒"。

马丁酒庄荣获发现中国·2019中国葡萄酒发展峰会"年度最受欢迎中国精品葡萄酒酒庄"。

马丁白兰地荣获中国优质葡萄酒挑战赛白兰地专项比赛金奖。

部分获奖证书

其他荣誉

马丁酒庄葡萄酒通过了国家地理标志保护产品——沙城葡萄酒的认证。

河北省企业市场营销协会特聘田疆为常务理事。

中国酒类流通协会精品葡萄酒酒庄联盟会员单位。

中国酒业协会中国酒庄酒证明商标。

中国酒业协会会员证书。

中国酒庄旅游联盟理事单位。

部分荣誉证书

张家口长城酿造（集团）有限责任公司

成立时间：1996年

企业所在地：沙城镇酒厂路

联系人：办公室

联系方式：0313-6232658

葡萄园面积：1000亩

产品品牌：沙城1949、沙城1976、沙城原作1号、沙城YUAN数字年份系列、沙城酒庄系列、沙城星级系列，沙城特选、优选系列，沙城树龄系列等

产品系列：干白、干红、桃红、半甜葡萄酒，白兰地

品牌故事

　　张家口长城酿造（集团）有限责任公司前身为沙城酒厂，创建于1949年，位于河北省张家口市怀来县沙城镇，为中国干白葡萄酒诞生地。集沙城葡萄酒和沙城老窖白酒等双品类发展，企业占地30多万平方米，拥有2000余口活性老窖池，万吨地下酒库，是具有年产4000吨大曲酒、25000吨成品白酒、3000吨葡萄酒综合生产能力的酿造企业。

　　沙城干白葡萄酒先后获得"全国名酒""国家质量奖金奖"等荣誉。

企业主要活动

2019年春交会沙城葡萄酒总经理李建军出席首届中国葡萄酒工商首脑峰会。
2019年天津秋季糖酒会沙城葡萄酒战略发布会邀请葡萄酒专家郭松泉讲话。
2019年国产葡萄酒名酒发展峰会暨沙城葡萄酒战略发布会开幕。
沙城葡萄酒重磅亮相2019年中国糖酒行业新创经济年会。

企业主要活动

1979年，沙城干白葡萄酒被评为第三届"全国名酒"，半干葡萄酒获"中华人民共和国优质产品奖"。

1979年，沙城干白葡萄酒与茅台、五粮液一起荣获"国家质量奖金奖"。

1981年，"干白葡萄酒新工艺的研究"荣获国家轻工业部科技三等奖。

沙城红干红、沙城原作1号干白荣获"2019年度国民大单品"旗帜产品奖。

沙城酒庄1979全国名酒纪念版干白荣获"2019中国酒业（华北）荣耀之星奖"。

沙城酒庄1979干白荣获"2019全国新食名品潜力爆款奖"。

企业部分荣誉证书

怀来红叶庄园葡萄酒有限公司

成立时间：1998年

企业所在地：东花园镇西榆林村

联系人：李书滨

联系方式：13811626693

自有葡萄园面积：1350亩

种植品种：赤霞珠、美乐、西拉、马瑟兰、霞多丽、琼瑶浆等十多个品种

产品品牌：红叶庄园、桑干河谷、红叶恋人、金叶、佳露、红叶

产品系列：干白、干红、半干、半甜、甜型葡萄酒等20多个产品

一、基本情况

怀来红叶庄园葡萄酒有限公司地处中国优质葡萄产区——河北省怀来县东花园镇，成立于1998年，是一家以庄园模式生产葡萄酒的专业公司，也是第一家在东花园镇投资葡萄基地建设的葡萄酒加工企业。公司占地面积60亩，建筑面积5000多平方米，公司注册资金198万元。公司总投资1.2亿元（含种植园），年综合生产能力1000多吨。

二、葡园情况

红叶庄园坐落于桑干河谷官厅湖南岸的东花园镇，这里地理位置得天独厚，为典型的季风性气候，雨热同季，昼夜温差大，夏季凉爽，气候干燥，雨量偏少，无霜期长，光照充足，有效积温高，非常适合葡萄的生长。1998年4月公司租赁了东花园镇火烧营村1150亩的荒地，在东花园镇建立了第一家葡萄庄园，种植了赤霞珠、美乐、西拉、马瑟兰、霞多丽、琼瑶浆等十多个国际优良酿酒葡萄品种。

三、技术力量

红叶庄园技术力量雄厚，生产工艺先进，拥有一支技术过硬、实践经验丰富的酿酒团队，有国家级的酿酒师、品酒师，有多年从事葡萄酒酿造和管理的技术人员和管理人员。红叶庄园始终坚持以高品质为基础，严格按"国际葡萄酿酒法规"生产，积极引进国外先进的酿酒技术，使公司的酿酒工艺始终保持在国际先进水平。

红叶庄园自成立以来，积极同专业院校合作，提升技术水平和研发能力。

四、产品线

红叶庄园按照多品牌运作的经营思路，不断地开发新产品。经过多年的努力，"红叶庄园"系列葡萄酒产品在市场上享有较高的声誉。近几年红叶庄园又相继开发了"桑干河谷""红色恋人""佳露""金叶"等品牌系列葡萄酒产品，现已形成干、半干、半甜、甜型葡萄酒等20多个产品。

中国怀来与葡萄酒
HWAILAI WINE REGION

2005年红叶庄园系列葡萄酒荣获河北省名牌产品称号。

2006年同北京农学院食品科学系（现改为食品科学与工程专业）进行技术合作，作为"产学研"实习基地，进行科研和学生校外实践。

2009年北京农学院授予红叶庄园"优秀校外实践教育基地"。

2010年被北京市教育委员会命名为"北京市高等学校市级校外人才培养基地"。

红叶酒庄分别于2011年和2012年荣获"中国葡萄酒"百大葡萄酒评选"魅力酒庄"称号。

2012年，红叶庄园典藏赤霞珠美乐干红葡萄酒在"中国葡萄酒"2012年百大葡萄酒评选中表现优异，被评为最佳"国产葡萄酒"。

2018年，红叶庄园出品的桑干河谷特选霞多丽干白葡萄酒荣获2018年布鲁塞尔国际葡萄酒大奖赛金奖。

2018年，怀来红叶庄园葡萄酒有限公司酿造的特选霞多丽干白葡萄酒在2018年北京举行的比利时布鲁塞尔国际葡萄酒大奖赛中荣获金奖。

企业部分荣誉证书

河北沙城家和酒业有限公司

成立时间：2004年

企业所在地：桑园镇夹河村

联系人：张晨

联系方式：15901188651

自有葡萄园面积：200亩

种植品种：西拉、赤霞珠、马瑟兰、霞多丽

产品品牌：家和酒庄、家和庄园、家和

产品系列：干红、干白、桃红、蒸馏酒类

一、基本情况

河北沙城家和酒业有限公司（简称"家和"）位于怀来县桑园镇夹河村。夹河，南依老君山，北临桑干河，本名上房子，清嘉庆十五年（1810年）河水上涨，旧村被淹，村址南移到桑干河与洋河汇流处南侧，因两河相汇，取名夹河，以盛产葡萄著称。家和名字的由来也取自"夹河"地名的谐音以及对中国传统文化"家和万事兴"的认同。

河北沙城家和酒业有限公司成立于2004年，家和公司从企业管理者到普通员工都坚守着"品质是企业生存之本"的理念，先后通过了QS认证、ISO9001质量管理体系认证和危害分析与关键控制点（HACCP）国际体系认证、安全生产标准化认证、葡萄酒行业准入条件审核等，多次获得河北省和张家口市优质企业称号。

2015年，家和公司由企业开创者的女儿接管，她2014年从法国波尔多葡萄酒商学院归国后，依托专业的葡萄酒酿造、品酒专家，资深的艺术设计人员、优秀的木艺创作人才，与北京多所艺术类院校达成校企合作意向，为公司注入年轻、新鲜的创作团队和设计理念，以创新前卫的思想为客户提供全方位、时尚个性的产品及专业服务。2019年，家和酒庄限量版"绽放"美乐2017和"绽放"赤霞珠2017以及"似锦年华"干白混酿葡萄酒获得了业内的认可和奖项的佐证。2019年家和公司被认定为河北省高新技术企业。

二、葡园情况

家和酒庄现自有种植葡萄园200亩，年生产能力6000吨，精品高端酒近几年每年出品300吨。从原酒型加工制造到自主精品研发上市经历了从硬件到软件不断升级、升华。

三、产品线

现上市自有注册品牌：家和、家和庄园、家和酒庄。主要品种：西拉、赤霞珠、马瑟兰、霞多丽等。酒种：干红、干白、桃红葡萄酒及白兰地。

与"世界葡萄酒第一夫人"
杰西斯·罗宾逊的相遇

企业部分活动

企业部分荣誉

2005年，赤霞珠干红葡萄酒荣获第六届中国国际葡萄酒烈酒评酒会金奖。

2008年5月，被张家口市工商行政管理局评为2007年度市级守合同重信用企业。

2010年3月，被张家口市人民政府评为张家口市农业产业化重点龙头企业。

2012年，成为中国酒业协会会员。

2013年12月，"家和JIAHE"被持续认定为河北省著名商标。

2014年5月，被张家口市人民政府评为张家口市农业产业化重点龙头企业。

2015年，公司在石家庄股票交易所孵化板挂牌。

2019年，家和酒庄"似锦年华"2017霞多丽干白入选2019中国葡萄酒发展峰会中国精品葡萄酒。

企业部分荣誉

怀来容辰庄园葡萄酒有限公司

成立时间：1997年

企业所在地：小南辛堡镇小七营村

联系人：武利彬

联系方式：18631356555

自有葡萄园面积：1500亩

种植品种：赤霞珠、梅鹿辄、霞多丽

产品品牌：容辰庄园、艾伦酒庄

产品系列：干红、干白、半干、半甜、甜白、桃红葡萄酒

一、基本情况

怀来容辰庄园葡萄酒有限公司是一家集种植、酿造、营销、旅游观光于一体的中美合资企业，始建于1997年，注册资金6400万元。她坐落在河北怀来，正处于中国葡萄酒原产地域保护区——沙城产区内，并且与法国波尔多处于同一纬度，有着极为相似的土壤、阳光、气温等种植和酿酒条件，产区的区位优势得天独厚，与生俱来。公司下设葡萄园、葡萄酒园和旅游区，此外，在全国主要城市都设有销售机构。

二、葡园情况

葡萄园位于八达岭长城以西35千米，占地3000亩。

庄园土壤主要以砾质沙壤土为主，结构性好，矿物质含量丰富，非常适宜于优质酿酒葡萄的栽培。

2001年3月庄园被联合国教科文组织确定为"国际农村教育研究与培训中心联系基地"。

葡萄园采取控产栽培技术（每亩产量控制在500千克以下）来稳定葡萄产量，提高葡萄质量。

葡萄园有赤霞珠、梅鹿辄两个红葡萄品种和霞多丽一个白葡萄品种，均属中晚熟品种，是直接从法国引进的种条，也是世界上优质的酿酒葡萄品种。实践证明，以上品种在怀涿盆地的自然气候条件和土壤水质条件下获得了良好的表现。2000年是庄园葡萄挂果的第一年，成熟后，葡萄的糖度达到195～226g/L，风味极美，是生产高档葡萄酒的最好原料。

三、生产能力

容辰葡萄酒园位于葡萄园东1千米处，与葡萄园毗邻。主体建筑具有欧式风格，包括如下：

（1）联合车间　主要包括葡萄前加工段、发酵工段、冷冻工段、贮酒工段等。

（2）灌装车间　主要包括一条全自动化3000瓶/小时的灌装线、半成品库、成品库等。

（3）地下酒窖　酒窖为欧式设计，是酒园最神秘的地方，与贮酒车间相接，建筑面积400平方米，设计有过道、壁灯、通风口、木架、壁画、橡木桶等，可贮1000吨高档酒，气势恢宏、工艺考究。

（4）污水处理站　生产用水、生活用水全部经过净化处理。

（5）办公楼和宿舍楼是两栋欧式风格的别致小楼，办公楼有办公室系统、会客厅、葡萄酒展厅、品酒屋等。

四、酒庄旅游

容辰庄园旅游区位于官厅湖畔，湖边葡萄园占地4公顷，风景秀美，气候四季分明，庄园西有中原度假村，永定河峡谷漂流，北有卧牛山避暑山庄，东有天漠公园、康西草原、龙庆峡，是典型的人间仙境。郭沫若曾对这里有"江南风物过长城"的赞词。

2004年4月，庄园被评为国家农业生态旅游示范点和省级AA级旅游区。

容辰葡萄酒庄以独特的风格、高雅的情调、幽美的环境宣传葡萄酒文化，增强游客的认识和理解，激发他们尝试和参与，体会大自然的神韵，享受上帝的恩赐。

（1）通过参观葡萄园、酿酒车间，让游客认识到葡萄酒是一种天然、有益的酒精饮料。

（2）开辟了一些供游客参与的劳作项目，比如"亲手摘葡萄""自酿葡萄酒"等，庄园配备了一些简单、古老的手动设备，让游客自己动手酿制葡萄酒，并通过多媒体自己设计标签，签上"制作者"的名字，过后来取或邮寄。

企业部分荣誉证书

企业部分荣誉

2001年3月，容辰庄园被联合国教科文组织确定为"国际农村教育研究与培训中心联系基地"。

2001年7月，荣获法国国际质量认证有限公司（BVQI）ISO9001：2000质量管理体系认证。

2004年9月，容辰庄园被评为河北省采用国际标准先进单位。

2004年12月，经全国工农业旅游示范点评定委员会评定，容辰庄园为"全国农业旅游示范点"。

2004年4月，经全国旅游景区质量等级评定委员会评定，容辰庄园为"国家AA级旅游景区"。

2004年5月，容辰庄园被中国西北农林科技大学确定为"葡萄与葡萄酒科技推广基地"。

2005年1月20日，在2005伦敦国际评酒会（北京）上，容辰庄园赤霞珠干红葡萄酒2001钻石版获得金奖，霞多丽干白葡萄酒获得银奖。

2005年11月，容辰庄园被评为"河北省著名商标"。

2014年7月，2014世界葡萄大会北京延庆国际葡萄酒博览会上，容辰庄园荣膺最佳美乐奖。

企业部分获奖证书

怀来县誉龙葡萄酒庄园有限公司

成立时间：2010年

企业所在地：桑园镇新响岭村

联系人：游晓芳

联系电话：13633396139

自有葡萄园面积：240亩

产品品牌：誉龙堡、卡尔蒂尼、Chateau Yulong、CARLLTINY、祥露、佰誉、瑞伊斐斯ROYAL FAITH、尚品侯爵、小酒瓶、LA PETITE BOUTEILLE DE VIN

产品系列：干白、桃红、干红葡萄酒及白兰地

品牌故事

一、基本情况

这一颗葡萄，听过北方的风，也遇见过温柔的雨，沐浴过北纬40°的阳光，也忍受过极寒天气。

摘下时间最精华的部分，交给时间酝酿，糖分和酸度才会完美平衡。

一杯葡萄酒，是时间的雕饰，也是生长的奥义。

誉龙酒庄位于北纬40°、东经115°，地处河北省张家口市怀来县桑园镇的地热温泉葡萄园之中，这里便是"中国葡萄酒之乡"。

誉龙酒庄四周群山环抱，桑干河、洋河、永定河横贯其中，具有四季分明、光照充足、雨热同季、昼夜温差大的气候特点，为葡萄生长发育提供了绝佳的条件。

中国的怀来、法国的波尔多、美国的加利福尼亚州并称"世界葡萄种植三大黄金地带"。因而，沙城地区生产的葡萄被郭沫若先生誉为"东方明珠"，成为国宴佳品，怀来产区堪称"中国的波尔多"。

二、生产能力

誉龙酒庄拥有原料种植基地1500亩，年产葡萄酒400万瓶，年产白兰地300吨，是国产葡萄原酒重要大型生产商，是河北省张家口市重点龙头企业。

三、技术力量

誉龙酒庄有国家一级酿酒师2名，多名高级专业酿酒师，并聘请国际知名飞行酿酒师团队，引进旧世界的生产工艺及技术风格，与国际葡萄酒产业相融合，创建国内首创地下音乐酒窖，培养打造"听音乐长大的葡萄酒"，产品备受国内外消费者青睐。

四、产品线

誉龙酒庄有卡尔蒂尼、誉龙堡两大品牌系列，其中"卡尔蒂尼"同时在法国境内注册，由子公司法国卡尔蒂尼葡萄酒贸易（香港）有限公司运营。誉龙酒庄的葡萄酒被认证为国家地理标志保护产品，且连续5年被国际食品安全协会授予"国际食品安全典范企业"。

誉龙酒庄酿造的苹果白兰地、欧力白兰地在2020年第十四届G100国际葡萄酒及烈酒评选赛中分获金奖和银奖。

誉龙酒庄不仅仅是酿酒，而是感知时间沉浮下的精品传奇！

誉龙酒庄卡尔蒂尼桃红获沙城产区优质葡萄酒大赛银奖。

誉龙酒庄卡尔蒂尼桃红获2019中国河北葡萄酒大赛银奖。

誉龙酒庄的葡萄酒被认证为国家地理标志保护产品。

誉龙酒庄连续5年被国际食品安全协会授予"国际食品安全典范企业"。

企业部分活动

河北沙城庄园葡萄酒有限公司

成立时间：2004年

企业所在地：沙城镇工业街

联系人：李文宏

联系方式：13803132608

种植品种：赤霞珠、梅鹿辄、西拉、马瑟兰等

产品品牌：桑洋河畔、沙都、沙庄

产品系列：干红、干白、半干、半甜、甜白、桃红葡萄酒

一、基本情况

河北沙城庄园葡萄酒有限公司（以下简称"沙城庄园"）地处中国著名的怀来产区，拥有先进的发酵、贮存、灌装设备、地下酒窖及优良的葡萄种植基地。

河北沙城庄园葡萄酒有限公司积极推行科学化、现代化、人性化管理，使企业取得快速的发展。2006年通过ISO9001国际质量管理体系认证，2008年被评为张家口市重点龙头企业，2011年1月，通过了HACCP国际食品安全保障体系认证，被河北省质量技术监督系统、河北省工商行政管理系统共同评为"质量过硬信誉良好大众放心品牌企业"。2014年获国家地理标志产品认证。2015年"桑洋河畔"在深圳前海证券交易市场挂牌上市。

河北沙城庄园葡萄酒有限公司以"质量、创新、服务、共赢"为宗旨，增强品质，不断提高性价比。在直营销售的基础上，根据市场需求开发葡萄酒私人定制及私酿葡萄园的服务，满足个性化消费，服务高端群体。创造性地与市场接轨，实现营销差异化、产品高端化、生产订单化的企业目标。在酿造具有国际水平的葡萄酒的同时，也创造出自己的企业文化。彻底打破传统销售观念，引领葡萄酒营销的新潮流。

二、产品线

干红葡萄酒、干白葡萄酒、桃红葡萄酒、甜白葡萄酒。

三、酒庄旅游

葡萄酒销售、葡萄酒定制、葡萄园定制、葡萄庄园旅游以及葡萄酒品鉴体验。

企业部分荣誉

企业部分荣誉

2008年，沙城庄园被张家口市人民政府评为张家口市重点龙头企业。

2011年3月，沙城庄园被张家口消费者协会评为2010年度消费维权先进单位。

2011年，桑洋河畔牌干白、干红葡萄酒荣获2011首届环京津食品工业展洽会金奖。

2011年，"桑洋河畔"葡萄酒荣获2011年度张家口市"消费者喜爱的品牌"。

2014年，沙城庄园荣获张家口市人民政府颁发的农业产业化市级重点龙头企业。

2015年12月18日，桑洋河畔怀来酿酒科技发展有限公司成为深圳前海股权交易中心挂牌企业（挂牌代码：363915）。

2019年，桑洋河畔金标西拉荣获第二届沙城产区优质葡萄酒评选大赛金奖。

2019年12月，桑洋河畔赤霞珠干红葡萄酒荣获中国河北葡萄酒大赛国产组500以上银奖。

企业部分获奖证书

怀来德尚葡萄酒庄园有限公司

成立时间：2005年

企业所在地：小南辛堡镇小七营村

联系人：楼玉华

联系方式：13910386608

自有葡萄园面积：3000亩

种植品种：赤霞珠、梅鹿辄、马瑟兰、霞多丽

产品品牌：德尚庄园、官厅庄园

产品系列：干白、桃红、干红、甜白葡萄酒

品牌故事

一、基本情况

怀来德尚葡萄酒庄园有限公司（以下简称为"德尚"）位于河北省怀来县小南辛堡小七营，占地面积达3000余亩。

德尚庄园董事长应一民先生是留美归来的专家，著有《葡萄美酒夜光杯》，为国内外为数不多的系统论述中国两千多年葡萄酒文化和历史的专著。法国著名酿酒大师米歇尔·罗兰（Michel Rolland）的合伙人唐纳斯（Athanase Fakorelis）先生担任庄园的首席酿酒师，他所酿造的"德尚庄园"及"官厅庄园"系列干红、干白葡萄酒既体现法国葡萄酒传统风格又极具德尚庄园的个性和魅力。

二、生产能力

自有葡萄园面积3000亩，2019年产量50万瓶。产品品牌有德尚庄园、官厅庄园。酒种酿造涵盖干白、桃红、干红、甜白葡萄酒。

企业主要活动

法国拉菲酒庄老板本杰明·罗斯柴尔德男爵在巴黎家中宴请应一民。

全聚德集团董事长姜俊贤向国民党荣誉主席连战赠送德尚庄园葡萄酒。

赛尔日·达索做客德尚庄园，品饮德尚庄园葡萄酒并表达了合作酿酒的意向。

洛朗·达索向应一民赠送家族礼品并邀请其访问达索酒庄。

原中国驻法国大使赵进军视察德尚庄园。

原中国驻法国大使吴建民高度评价德尚庄园葡萄酒。

企业主要活动

2004年6月28日，法国参议院主席克里斯蒂昂·蓬斯莱同意应一民在中国复制卢森堡宫。

2008年，德尚庄园霞多丽干白葡萄酒2009荣获布鲁塞尔国际评酒大赛金奖，是该年度中国葡萄酒在此评酒会上所获唯一金奖。

2009年，中国全聚德集团确定德尚庄园葡萄酒为全聚德在中国唯一的葡萄酒基地。

2010年，德尚庄园霞多丽干白葡萄酒2009在布鲁塞尔国际评酒大赛中获金奖。

此外，德尚庄园葡萄酒已被中国驻法国大使馆、中国钓鱼台国宾馆、中国全聚德集团、上海西郊国宾馆等选为礼宾和接待用酒。

企业部分荣誉

怀来赤霞葡萄酒有限公司

成立时间：1998年

企业所在地：沙城镇京张公路西大街北侧

联系人：刘金林

联系方式：15832319882

自有葡萄园面积：298.8亩

种植品种：赤霞珠

产品品牌：赤霞（chixia）、卓凌（zhuoling）、赤霞春（chixiachun）、赤霞醇（chixiachun）、
　　　　　纱维（saver）、萨尔黑文、巴伦伊尔、塔龙丝菲尔德、尤鲁尤鲁

产品系列：干红、干白、甜白、桃红葡萄酒等

一、基本情况

怀来赤霞葡萄酒有限公司，成立于1998年3月，占地面积6667平方米，坐落于长城脚下的怀涿盆地怀来产区，这里是世界优质葡萄产区之一，被誉为"中国葡萄之乡"。在土木葡萄种植基地拥有自有葡萄种植园298.8亩，聘请专业人员进行种植栽培，主要种植葡萄品种为赤霞珠。

自成立以来，公司始终坚持以质量管理为中心，产品创新为动力，安全生产为保障，建立了适合本公司实际的生产体系，并不断进行技术改造，走出了一条质量效益型的发展道路，欢迎各界朋友来参观指导

二、产品线

赤霞葡萄酒一直以葡萄种植为产业链起点，业务涵盖葡萄酒及果蔬汁饮料两个系列、20余种产品的制造及销售。2017年，公司新增了预包装食品的进出口业务，现已新增澳大利亚原瓶进口红葡萄酒约20种。应市场需求，赤霞葡萄酒将于2020年下半年新增白兰地、干白葡萄酒、半甜桃红葡萄酒及葡萄汁饮料产品。不仅丰富了产品品种，同时也满足了不同顾客群体的需求。

中国
怀来
HWAILAI
WINE REGION
与葡萄酒

企业部分荣誉

2018年，怀来赤霞葡萄酒有限公司通过科技型中小企业复审。

赤霞甜白葡萄酒荣获2018国际领袖产区葡萄酒质量大赛评委会特别奖。

赤霞桃红葡萄酒荣获2019中国河北葡萄酒大赛国产组金奖。

赤霞干白葡萄酒荣获2019中国河北葡萄酒大赛国产组银奖。

张家口怀谷庄园葡萄酒有限公司

成立时间：2013年

企业所在地：土木镇西辛堡村

联系人：曹蔼

联系方式：15930351919

自有葡萄园面积：40亩

种植品种：赤霞珠、梅鹿辄、马瑟兰等

产品品牌：怀谷庄园、沙浓庄园

产品系列：干白、干红、半干、半甜、甜白葡萄酒及蒸馏酒

一、基本情况

怀谷庄园是一家位于世界优质葡萄酒产区——河北怀来产区的新兴葡萄酒企业。公司创立于2013年，从成立以来已发展为集葡萄种植、高档葡萄酒酿造、酿酒技术服务以及葡萄酒销售为一体的综合性葡萄酒企业。公司先后获得包括第25届布鲁塞尔葡萄酒大奖赛在内的大金奖2枚，金奖6枚，银奖4枚，铜奖3枚等葡萄酒大赛奖项。

酒庄遵循"天人合一"的酿酒理念，充分利用自然赐予的风土条件和气候，培育、种植优良的酿酒葡萄，把酿酒师的性格、对酒的理解融合到工艺当中，统筹各种因素达到产品的和谐均衡。尊重葡萄的天性，追求品种本味特征，只做微调修饰，最大程度发挥葡萄本身的香气、色泽、风味，酿造国际品质的东方美酒。

怀谷庄园的名字来源于"虚怀若谷"，定位是新中式酒庄。无论是酒庄的风格设计，还是葡萄酒的包装，都体现出浓郁的中国文化气息。怀谷庄园希望消费者在品尝天然、绿色、营养、健康的葡萄酒之外，能够体会到更多的中国文化。怀谷庄园将在这个基础之上重新出发，为中国消费者带来更好的产品。

二、技术力量

怀谷庄园是中国第一家酿酒师酒庄，酒庄首席酿酒师及创始人曹蔚先生毕业于西北农林科技大学葡萄酒学院，是具有20年行业经验的国家级酿酒师，曾在阿根廷、智利和法国交流学习多年，和弗拉尔等多名国际酿酒师学习酿酒技术及葡萄种植技术。酒庄酿酒师团队已研制成功独具特色的小品种葡萄酒5项，其中已申报国家专利2项，半二氧化碳浸渍酿造法为酒庄核心技术，利用此项技术已经为公司产品赢得多项国际大奖。

三、产品线

除主流葡萄酒之外，怀谷庄园还有一些独具特色的新产品，比如设计寿命长达150年的白兰地，用千年桑葚树的果实酿制的桑葚酒，鲜美的树莓酒，有助健康的刺五加葡萄酒，国内首创的白玫瑰桃红酒等。

中国 怀来 HWAILAI WINE REGION 与葡萄酒

2018年5月，布鲁塞尔国际葡萄酒大奖赛（北京）中，怀谷庄园限量珍藏级2015赤霞珠获得大金奖。

2018年9月14日，Decanter亚洲葡萄酒大赛中，怀谷庄园限量珍藏级2015梅鹿辄获得铜奖。

2019年，曹蔼荣获西北农林科技大学杰出校友"金葡萄"创业奖。

2021年，怀谷庄园限量珍藏级马瑟兰干红葡萄酒2015获得布鲁塞尔大奖赛大金奖。

企业部分荣誉证书

第三篇 怀来葡萄酒 未来可期

河北怀来瑞云葡萄酒股份有限公司

成立时间：2009年

企业所在地：东花园镇东榆林村

联系人：程朝

联系方式：13603138080

自有葡萄园面积：600亩

种植品种：赤霞珠、西拉等

产品品牌：瑞云酒庄、Chateau Nubes、Nubes、山N等

产品系列：干白、干红葡萄酒

一、基本情况

河北怀来瑞云葡萄酒股份有限公司（以下简称"瑞云酒庄"）创建于1998年，是国内一家精品酒庄。

从最初开垦荒地到今天经营现代化酒庄，瑞云酒庄强调并努力维持的始终是"天时、地利、树和"的原则，保证每一瓶酒的自然、纯净和健康。从2007年开始，瑞云酒庄实施可持续性的生态种植和酿造方法，秉持"道法自然"的企业理念，以酒庄整体生态环境的健康和发展为着眼点，力求通过种植和酿造过程，令葡萄果实和成酒在最大程度上体现自然环境为其赋予的个性，也令每一个年份的产品都能充分表达当地风土特质和当年的气候特点。

在种植过程中，瑞云酒庄避免使用不可再生和不可循环资源，杜绝使用对人体和环境有影响的除草剂、杀虫剂、杀菌剂和有污染的肥料，充分发挥自然优势来促进葡萄树自身的抵抗力。与此同时，葡萄园的生态多样性也得到了保护，葡萄树与周围其他动植物保持着和谐的关系，共同在最自然的环境下生长。

二、葡园情况

瑞云酒庄所处的延怀河谷属于中纬度的半高寒长日照地区，气候相对稳定。四季受季风吹拂，温度凉爽适中，空气纯净干燥，阳光充足，降雨量却很少，非常适合种植酿酒葡萄。瑞云酒庄目前总占地面积约725亩，其中葡萄园占地约600亩。

三、生产能力

瑞云酒庄每年生产赤霞珠和西拉两个单一品种的酒庄酒，年产量6万瓶。从种植葡萄、采收葡萄、发酵罐发酵、橡木桶陈酿到成酒灌瓶、贴标，所有工作均在酒庄内完成。为了保证葡萄酒质量上乘，瑞云酒庄只使用瑞云葡萄园自产的赤霞珠和西拉葡萄作为酿酒原料，采收及二次筛选均百分之百由人工完成。瑞云酒庄出产的葡萄浆果发育好，果皮厚实，果肉颜色深，糖分高；所有酒庄酒均经过橡木桶陈酿及地下酒窖瓶贮，酒液色泽饱满明亮，果味突出，糖酸平衡，单宁及酚类物质含量高，适宜长期贮藏。

四、酒庄旅游

除种好葡萄、酿好酒以外，从2011年酒庄初具现在的规模以来，瑞云酒庄始终致力于田园文化与葡萄酒文化的发展和宣传。酒庄拥有多功能画廊三个，大型室内文艺活动空间一个，博物馆两个，各类展厅若干，以及一家精致自然的酒庄餐厅和酒庄民宿。多年来，瑞云酒庄不定期举办各类画展、音乐会、社区艺术联谊、田园观光团、艺术家驻地计划等活动，并打开大门迎接前来参观体验的各界人士，在国内葡萄酒界享有相当的美誉。

瑞云酒庄对中国葡萄酒的未来持有坚定的信心，更始终认为怀来产区是中国自然条件最好的葡萄酒产区之一。同时通过与中国农业大学、中国食品发酵研究院等机构的合作，坚持不断地提高葡萄种植及葡萄酒酿造质量。瑞云酒庄还将在文化与生活方式层面继续探索，以葡萄酒为基础载体，以酒庄为中心，发展成熟的集农耕体验、生态饮食、文艺创作及展览、文化研习于一身的青普瑞云行馆社区，将热爱生活、崇尚自然的城市居民吸引进乡村，同时将乡村的直接及衍生产品推广进城市。

企业部分荣誉

2012年《中国葡萄酒》百大葡萄酒评选，瑞云酒庄获"魅力酒庄"称号。

2013年《中国葡萄酒》百大葡萄酒评选，瑞云酒庄获"魅力酒庄"称号。

2014年《中国葡萄酒》百大葡萄酒评选大师邀请赛，瑞云酒庄珍藏赤霞珠干红葡萄酒2009获银奖；瑞云酒庄珍藏赤霞珠干红葡萄酒2007获铜奖；瑞云酒庄获"魅力酒庄"称号。

叶浓（河北）葡萄酒业有限责任公司

成立时间：2008年

企业所在地：官厅镇杏树洼村

联系人：樊少英

联系方式：13831393888

自有葡萄园面积：100亩

产品品牌：叶浓庄园、魔格、神漠、YENONG MANOR

产品系列：干白、桃红、干红葡萄酒

品牌故事

　　叶浓（河北）葡萄酒业有限责任公司于2008年在怀来县官厅镇杏树洼村正式成立，公司总占地面积40亩，厂区建设面积12亩，后建设地下酒窖1亩，以及贮酒车间扩建、贮酒罐增加等技改项目使公司建筑面积达到了3500平方米，并在原有生产灌装线旁新建一条灌装线使公司生产能力提高为原来的1.5倍；原酒发酵、

企业部分活动

贮酒能力达1000余吨。公司拥有顶级的酿酒师和优质的技术团队，采用先进的酿造工艺，同时引进国内外先进设备，酿造和生产"叶浓庄园""神漠""魔格"三大系列葡萄酒。酒品醇厚、口感浓郁，每一滴都令人回味无穷。深深地体会到公司对产品质量的追求和对消费者的态度——叶浓、酒浓、情更浓！

企业部分荣誉

　　特选级干红葡萄酒荣获2016"一带一路"国际葡萄酒大赛银奖。

怀来丰收庄园葡萄酒有限公司

成立时间：2008年

企业所在地：瑞云观乡大山口村

联系人：伊有浩

联系方式：13910096896

自有葡萄园面积：20亩

产品品牌：丰收

产品系列：干红、干白、半干、半甜、加香、配制酒等

品牌故事

怀来丰收庄园葡萄酒有限公司（以下简称"丰收庄园"）始建于2008年4月，由北京丰收葡萄酒有限公司投资兴建，注册资本1200万元。北京丰收葡萄酒有限公司是中国葡萄酒名牌企业，拥有全套现代化酿酒设备，公司产品畅销全国各省、市、自治区，并远销欧美、东南亚等地区。

项目建设地点位于河北省张家口市怀来县瑞云观乡大山口村。项目占地200亩，贮量达到12000吨，年产葡萄酒6000吨，可实现销售收入1.2亿元。

项目总投资1.45亿，总建筑面积65000平方米。主要建设内容：庄园主楼、发酵车间、灌装车间、地下酒窖、酒文化展厅、品酒室、库房、商务会所、公寓、景观、配电及锅炉房等。主要设备：不锈钢酒罐、前处理设备、全自动灌装线、冷冻机组、蒸馏机组、橡木桶。

企业团队由从事葡萄酒生产、开发研究、管理、推广营销的专业人才组成。怀来丰收庄园是一座集葡萄酒文化及葡萄酒生产为一体的综合园区，其主要功能是承担高端葡萄酒酿造、陈酿、灌装及市场推广、知识传播全过程的研发工作。怀来丰收庄园建设符合怀来葡萄产业化发展战略，是怀来县主导产业龙头项目。

随着京津冀不断协同发展，怀来作为京冀接壤的前沿区域，凭借其均衡发展

的产业结构，完善的城市配套设施，在环京置业中成为炙手之选。丰收庄园地理位置恰逢怀来产业新城核心区，不仅先天生态环境好，而且后天又有了上述一系列有利条件的加持，未来丰收庄园发展一定会越来越好，助力丰收产值提升。

活动现场

企业部分荣誉

2017年09月，梅乐干红葡萄酒荣获第二届香格里拉杯国际葡萄酒大赛特别奖。

2017年09月，丰收珍藏级干红葡萄酒荣获第二届香格里拉杯国际葡萄酒大赛特别奖。

2018年11月，丰收西拉干红葡萄酒荣获2018中国酒业京津冀市场表现奖。

2018年9月20日至2021年9月19日，母公司北京丰收葡萄酒有限公司荣获"中国葡萄酒品牌集群"首批成员单位。

张家口大好河山酿造有限公司

成立时间：2000年
企业所在地：沙城镇工业街
联系人：段一彪
联系方式：18032389091
产品品牌：大好河山
产品系列：干红，桃红葡萄酒

品牌故事

张家口大好河山酿造有限公司始建于1997年6月，地处河北省怀来县沙城镇（怀酒盆地）。怀涿盆地位于北纬40°4′～40°35′，东经115°16′～115°58′，正处于世界种植葡萄北纬40°的"黄金地带"，与法国波尔多同处一个纬度上，是我国最理想的葡萄酒原料基地之一。

公司的葡萄庄园位于沙城产区的中心产地，是集基地建设、葡萄栽培、科学研究、产品开发、规模生产于一体的葡萄酒庄园。依山靠水，地处桑干河、洋河两河交汇处，形成独特的小气候，加上上天赐予的绝佳土壤，形成了国内真正意义上的葡萄酒庄园。同时也是大好河山高档酒的研发、生产基地。

多年来公司产品以优良的酒质、优惠的价格、精美的包装和良好的服务，受到商家的好评，公司的宗旨是"质量兴企、品质经营、诚信为本、务实创新"，为提升公司产品和服务质量的整体水平，公司以多年生产经验为基础，扎扎实实强化各项管理工作，为消费者提供更多质量一流、口感独特的新产品。

河北龙泉葡萄酒股份有限公司

成立时间：1995年

企业所在地：桑园镇后郝窑村

联系人：秦爱玲

联系方式：13513131785

产品品牌：龙泉、雪漠、一棵藤

产品系列：干红、干白、桃红、半甜葡萄酒及白兰地等

一、基本情况

河北龙泉葡萄酒有限公司始建于1995年，坐落在著名的"中国葡萄之乡"怀来县桑园镇，南临道教名山老君山，北临永定河。这里空气清新，风景怡人，是"沙城产区"葡萄产业的核心地带，有着与法国波尔多极为相似的土壤、阳光、气温等自然条件，是酿造高档葡萄酒的理想区域。

本公司现有职工30多人，其中固定人员20名，农业季节员工10名。注册资本500万元，占地13267平方米，容器总容量6000立方米，生产葡萄原酒能力3000吨，生产瓶装葡萄酒能力1000吨。公司为中粮长城葡萄酒有限公司葡萄酒原酒供应商。历年为张家口市级农业产业化龙头企业，县农行信用等级A级企业。

二、葡园情况

目前公司采用"公司+农户"的方式，拥有葡萄基地734亩，品种有赤霞珠、梅鹿辄、霞多丽、西拉等酿酒葡萄品种。多年来一直为中国长城葡萄酒有限公司等厂家生产葡萄原酒累计7万多吨，带动周边农户2500多户。

三、生产能力

为了提高葡萄附加值，更为了提高沙城产区葡萄酒的质量和声誉，经科学论证和详细规划，公司决定对原有设备进行更新改造，同时进行葡萄基地建设。计划目标为年产500吨高档葡萄酒的生产制造及改造葡萄基地1500亩与之配套。公司总投资500万元，拥有注册商标4个，分别为"黄金地带""龙盘庄园""雪漠""一棵藤"。主要生产陈酿系列、精选系列和庄园系列。公司产品质量管理做到严格执行国家标准GB 15037，并与质量监督部门、酒类协会签订了食品安全责任书、承诺书。建立完善的进销货台账、索证索票等自律制度。从原辅料进厂、生产工艺控制等各个环节，确保产品批批检验，产品合格率100%方可出厂。

四、技术力量

经营管理人员具备大、中专以上文化，生产技术人员来自葡萄酒学院毕业生。生产人员则选拔责任心强，爱岗敬业的人员，经过严格的上岗培训管理，合格后才能上岗操作。

怀来龙徽庄园葡萄酒有限公司

成立时间：2007年

企业所在地：小南辛堡镇定州营村

联系人：刘翠平

联系方式：13488691438

产品品牌：龙徽庄园

产品系列：干红、干白、桃红、加香葡萄酒等

品牌故事

一、基本情况

得益于河北怀来产区得天独厚的自然条件及怀来县人民政府和怀来葡萄酒局对葡萄酒产业的扶持，北京龙徽酿酒有限公司（以下简称"龙徽公司"）早在2007年就在河北省怀来县小南辛堡镇成立了怀来龙徽庄园葡萄酒有限公司（以下简称"龙徽庄园"），作为北京龙徽公司重要的原酒供应基地。位于河北省怀来县的怀来龙徽庄园作为龙徽公司葡萄酒生产的历史传承单位，以及甄选的葡萄种植地及酿酒基地，是龙徽葡萄酒的质量保证。

2018年龙徽公司将北京一条先进的意大利生产线搬迁至龙微庄园，同时通过改建旧的厂房设施、加大园区绿化、栽种新的花卉、开发旅游项目，将龙徽庄园打造成为集种、酿、产、销为一体，配套旅游、文化、休闲等多功能的怀来星级酒庄。

北京龙徽酿酒有限公司始创于1910年，至今有110多年的历史了，是中国最早的老牌国有控股葡萄酒企业。所产葡萄酒远销26个国家或地区，屡获国内外大奖。事实上，龙徽公司和怀来是有很深的历史渊源的，龙徽公司早在1985年就在怀来引进了26种欧洲优良酿酒葡萄品种，龙徽公司研制成功的干红葡萄酒，曾获轻工业部优秀产品一等奖。龙徽公司也是中国第一个按照国际OIV组织的原产地标准生产葡萄酒的公司，早在1996年龙徽公司就生产出中国第一瓶原产地河北怀来的"怀徕珍藏"干红葡萄酒，现在"怀徕珍藏"葡萄酒依然是龙徽公司的畅销产品，深得消费者的喜爱。

2020年1月20日，北京龙徽酿酒有限公司的领导受邀出席在首都博物馆隆重举行的"北京日报·北京晚报2019—2020年度传媒盛典活动及颁奖仪式"。颁奖仪式上，北京龙徽酿酒有限公司凭借其自身传承百年的历史文化底蕴和卓越的产品品质与茅台、五粮液、红星等知名企业共同站上领奖台，并荣获了"年度最具文化传承的葡萄酒"奖。

二、生产能力

龙徽庄园现占地面积144.477亩，现有发酵酒罐、贮酒罐127个，容量达到5900千升。具有5900吨葡萄酒贮存能力和3000吨葡萄酒发酵能力。

怀来艾伦葡萄酒庄有限公司

成立时间：2016年
企业所在地：小南辛堡镇小七营村
联系人：武利彬
联系方式：18631356555
产品品牌：艾伦酒庄
产品系列：干红、干白、甜白葡萄酒等

品牌故事

一、基本情况

艾伦酒庄于2012年启动，2014年9月正式落成。现已被怀来县人民政府命名为怀来葡萄酒节永久会址。总建筑面积15000平方米，总投资2.7亿元，内设国际葡萄酒论坛中心、葡萄酒博物馆、世界葡萄酒珍品展示大厅、葡萄酒拍卖中心、高端商务会议中心、葡萄酒重力发酵生产线、葡萄酒文化体验中心。其建筑风格以怀来产区得天独厚的自然风貌为灵感，秉承当地葡萄酒文化的地域特色，结合国际先进的酒庄设计理念，以地中海地区建筑风格为主导，打造别具一格的酒堡风格。在这里可尽享其佳酿的独特魅力，亲近自然，品味田园风光，邂逅红色浪漫。

二、酒庄旅游

（1）会场介绍　酒庄内设多功能厅、会议室、贵宾厅等会议场所，设计时尚、规模宏伟，宽敞通透，其同声传译和智能灯控、声控及多媒体发布系统，无论是政府接待、企业活动，还是婚宴派对、鸡尾酒会都可享有尊贵体验。全角度视野的多功能厅，俯瞰村庄和葡萄园，远望逶迤的燕山山脉。在这里举办鸡尾酒会、冷餐会、小型会议，将会有不一样的感觉。

酒庄有开阔的草坪，美丽的葡萄园，可以举办户外草坪婚礼，新人在美丽的风景和亲人的祝福中踏上王子和公主般的幸福人生之旅！

大堂水景区域面朝官厅湖，在观景阳台上可将怡人的湖光美景尽收眼底。艾伦酒庄地下一层的酿酒车间，引入德国融入人体工程学原理的粒选设备和重力悬浮酿酒设备，游客可亲眼目睹酿酒葡萄"华丽转身"的全过程，更可品鉴到顶级葡萄美酒，并享受自己酿酒的乐趣。

（2）客房介绍　酒庄拥有30间宽敞舒适和别具匠心的客房和套房。这里远离城市的喧嚣，多数客房拥有独立的观景阳台；房间装潢时尚、格调高雅，体验奢华与愉悦；超大的豪华卫生间，多功能按摩式花洒可拥有舒适的沐浴体验；房间配有超大液晶电视、高速宽带等，可感受E时代的精彩。

艾伦酒庄生活是远离尘嚣的慢生活，在这里放下对琐事的关注，敞开自己的心灵，尽情感受大自然给心灵带来的愉悦，尽情体会生活中的种种美好。

一流的音响和灯光设施，为都市繁忙的人们提供一个完美的交流平台，或轻

第三篇　怀来葡萄酒　未来可期

歌曼舞，或对坐小酌，放下手中的一切，尽情释放自己！优雅的音乐萦绕耳边，品一口葡萄酒，体验醇美，或轻吟、或静思，享受专属尊贵。

（3）康体介绍　酒庄的健体中心，拥有丰富多样的娱乐健身项目，可提供各种高档的娱乐及健身设备。室内恒温泳池、SPA健身中心、瑜珈室是锻炼身体、缓解压力的绝佳场所。

（4）餐饮介绍　餐厅提供众多的国际美食。酒庄中餐厅有多个私人包间，集各大菜系于一堂。客人可以边在现代风格的餐厅内品尝佳肴，边在露台上尽享葡萄美酒，观赏湖面的美丽景象。

葡萄酒雪茄吧，葡萄酒会所顶级配置，享受现磨咖啡生活、品味葡萄酒人生。

艾伦酒庄拥有一个独特的闲适氛围，并充满着新鲜产品与精致食物。在这里，可以边聊天边品尝葡萄酒，徘徊漫步于酒窖和餐厅之间，欣赏雅致风景，度过闲暇时光。人生如酒，酒如人生。在酿造中享受生活，在畅饮中品味人生！

利世怀来葡萄酒有限公司

成立时间：2017年
企业所在地：狼山乡八营村
联系人：李川
联系方式：18801089881
产品品牌：利世G9酒庄
产品系列：干红葡萄酒

一、基本情况

G9项目是由利世集团汇集国内外优质资源倾心打造的大首都产区的国际酒庄集群，一个以葡萄酒、康养度假、文旅三大产业为主的高端国际交往平台。

G9项目坐落在河北省怀来县官厅水库北岸，它的区域位置得天独厚，离北京城区仅有75千米，驱车约一个小时，乘坐高铁20分钟。与国家级湿地公园接壤，毗邻八达岭长城，总占地约5000亩。地处燕山山脉北侧、地理坐标东经115°、北纬40°，属温带大陆性季风气候、四季分明、光照充足。

G9庄园项目依托首都北京，致力于打造一个高端的国际交往平台，整合全球顶级的资源，为庄园的贵客提供专享资源对接平台（全球资源包含：全球顶级名庄资源，全球顶级俱乐部资源，全球大使和参赞资源，全球企业家交流资源，全球教育资源等）和"庄园社交"平台。

G9，G在英文里面是Group，代表的是集团的意思；"9"代表的是4个葡萄酒旧世界+4个葡萄酒新世界+中国，一共9个国家。其中，4个葡萄酒旧世界的国家，以法国为代表，包括意大利、德国、西班牙；4个葡萄酒新世界的国家，以美国为代表，包括澳大利亚、智利、南非，加上中国，共同组成世界葡萄酒产业最先进的第一梯队。G9国际庄是由9个国家风格迥异的建筑组成，代表这9个国家的最先进的葡萄酒产业，落地到这个项目。

G9将打造9个IP，如下所示。

（1）葡萄酒类三大IP

①世界名庄联盟：每个国家庄包含一个发起庄+8个名庄，截至2019年已和6个名庄签署战略合作协议，其中有600多年历史的、意大利排名第一的安东尼世家（Antinori）已表达将加入联盟。

②庄园养生葡萄酒：联手全球唯一葡萄酒医生Philip Norrie博士研发G9养生葡萄酒。

③G9国际年会：打造葡萄酒界的每年国际年会盛事，邀请各大名庄庄主及葡萄酒界的专业人士参加。

（2）会议类三大IP

①中国对外友好协会级别的国际交流会议：对外友好协会对外交流会议落地庄园。

②大使论坛：外国大使和中国大使的各种交流会，已与G9的8个外国使馆大

使级或参赞级官员建立联系，另与G9外的国家，包括墨西哥、比利时等国的大使馆建立紧密联系。

③联合国会议：联合国各类会议落地庄园。

（3）时尚　联手好莱坞时尚电影公司Cinemoi打造庄园时尚周，引入史蒂芬（Stefano Ricci）等各领域里的顶尖品牌。

（4）艺术　与UCCA、观唐区等联合打造国际庄园艺术周。

（5）体育　与1003携手打造全球首家女子马球俱乐部。

二、酒庄旅游

首开庄总占地面积约100亩，建筑面积12000平方米。首开庄主体建筑2018年9月开始动工，2019年12月基本完工，部分区域进入试营业。

首开庄涵盖百亩葡萄园、私家森林、葡萄酒主题精品酒店（41间客房、中/法酒窖餐厅、泳池、健康管理中心、葡萄酒SPA等）、酒庄博物馆（酒窖宴会厅、葡萄酒瓶贮区、桶贮区、悬空品酒室、恒温恒湿酒窖等）、国际领先抗衰老康养中心、钻石型礼堂、专属停机坪以及其他休闲娱乐、会议活动空间等。同时配套24小时英国管家私属服务。

钻石厅——由意大利灯光设计师塞尔吉奥主笔设计，宛如一颗蓝色钻石掉落到官厅湖畔，阳光下安静而冷峻，夜幕下温婉而璀璨。

葡萄酒主题房间——首开庄拥有41间葡萄酒主题房间，风格迥异，房型丰富，让宾客每一次入住都是一种新的体验。

格调堂灯——国际著名水晶灯具公司主笔设计，法式古典水晶吊灯与葡萄酒主题造型完美结合。包含99颗葡萄形灯杯以及9999颗葡萄形水晶珠，处处体现G9国际庄园与葡萄酒主题的自然融合；晶莹剔透、大气磅礴，在古典中触摸时尚与自然的魅力，在柔和中尽显华贵。

景观设计——通过对场地的整治和植被覆盖，重塑庄园环境，凸显官厅水景和坡地景观相映成趣的美感。采用"一轴、三带、一山水"的空间架构，充分结合建设用地的分布特点，形成以酒庄主要道路为公共景观轴和南北走向的特点，形成两条串联的私家花园景观带；利用高低变化，在冲沟位置设计成独特的山麓景观，并在项目用地的最低处汇成一片景观湖，从而形成山水相映的别致景观效果。

怀来县贵族庄园葡萄酒业有限公司

成立时间：2009年

企业所在地：土木镇土木村

联系人：梁戈飞

联系方式：13633137351

产品品牌：坤爵

产品系列：干红、干白、桃红、半甜葡萄酒等

一、基本情况

贵族酒庄种植园始建于2000年,历经十数载精心打造的这家酒庄位于风景秀丽的官厅湖畔土木堡外,毗邻长城桑干酒庄。主要进行葡萄与葡萄酒的研发与生产,是传统与现代结合的集葡萄种植、葡萄酒酿造到销售一条龙作业的酒庄。

目前酒庄已形成了集生产、新产品开发、技术引进、技术交流、成果转化、旅游等为一体的相互关联、滚动发展的酒庄体系。靠创新对标世界,已迈入拓展酒庄功能、打造特色产品的征程。

二、葡园情况

贵族酒庄于2007年按国际标准建立酿酒名种葡萄种植园1800亩,选择种植最合适这片土地的赤霞珠、美乐、西拉、马瑟兰、霞多丽等酿酒专用葡萄品种。这些优良的品种,受沙城产区阳光和水土的恩泽,展露出赤霞珠的厚道,美乐百花齐放的鲜美,西拉、马瑟兰聚集母本赤霞珠的细腻、父本歌海娜的灵气,霞多丽汲取产区各类水果之香于一体,芬芳优雅。目前葡萄树龄19年,已进入酿造优质葡萄酒的树龄期。

三、生产能力

贵族酒庄于2008年按葡萄酒行业标准建厂;酒庄建筑面积6500平方米,其中生产车间3800平方米,地下酒窖1000平方米。配备了先进的葡萄酒生产设备,年生产能力300多吨。

四、技术力量

2009年公司注册,注册资金1100万元。至此酒庄顺势利用自然资源,研发团队传承怀来地域特色,结合消费者的口感变化,对葡萄品种、酿造工艺、产品内涵进行一体化的研究优化,重点攻关,进行优质葡萄酒关键技术研究创新,同时在关键核心技术上实现突破,确定优质葡萄酒科学完整的工艺技术路线。近年贵族酒庄以创新之矛,锻造专利之盾,目前申请专利数十项,其中授权发明专利3项,实用新型3项。

五、产品线

贵族庄园目前推出了坤爵庄园系列干红葡萄酒;具有沙城产区特色的龙眼干白葡萄酒;美乐半干、半甜、原生态5度甜型等系列桃红葡萄酒。

怀来县福瑞诗
葡萄酒堡有限公司

成立时间：2009年
企业所在地：东花园镇西榆林村西
联系人：王健
联系方式：13901029690
产品品牌：福瑞诗
产品系列：干红、干白、桃红、半甜葡萄酒等

福瑞诗LOGO

品牌故事

一、基本情况

怀来县福瑞诗葡萄酒堡有限公司董事长王健先生，1959年生人，1977年9月于北京市选飞入伍，在中国人民解放军八六〇七部队担任飞行员，期间获得两次嘉奖。1982年退伍后，他在北京红星酒厂参加工作，从此进入了酿酒行业，从事技术及质量检测工作，在这里与葡萄酒结下了不解之缘；1992年在改革大潮推动下，为了能够更好地实现自身价值，选择停薪留职、自主创业，在北京顺义潮白河畔致力于有机蔬菜的种植和禽畜的养殖事业。

2005年他在上网查阅资料的时候看到了一篇文章，介绍的是法国有一家从种葡萄到装瓶全部由一个人完成的小庄园，庄主贝当克先生既是种葡萄的农民，又是酿酒师；既当装瓶的工人，又是面向全球的销售员，用了10年时间打造出了属于自己的品牌葡萄酒庄园。

这篇文章对他心灵深处的葡萄酒情怀起到了巨大的激发作用，出于对酿酒的热爱，他决定建酒庄，酿好酒，以释情怀！

在经过多方的实地考察之后，2008年王健在素有"中国小波尔多"之称的河北省张家口市怀来县选址，成立了"怀来县福瑞诗葡萄酒堡有限公司"。

怀来县福瑞诗葡萄酒堡有限公司位于怀来县东花园镇西榆林村西南1440米、新太师庄村南1430米处，占地面积2677.29平方米。公司经营范围：葡萄酒及果酒（原酒、加工灌装）生产及销售；葡萄种植；农副产品的种植及加工销售。主要产品为桃红葡萄酒、干红葡萄酒及干白葡萄酒，设计年产量为100吨。公司的经营理念是"诚信、创新、绿色"。

二、产品线

产品品牌：福瑞诗。

现有酒类产品：福瑞诗桃红葡萄酒、福瑞诗干红葡萄酒、福瑞诗干白葡萄酒。

怀来县古堡葡萄酒庄园有限公司

成立时间：2012年

企业所在地：狼山乡五营梁村

联系人：刘占元

联系方式：15831387892

产品品牌：金土木

产品系列：干红、干白葡萄酒等

品牌故事

一、基本情况

怀来县古堡葡萄酒庄园有限公司是由原中法庄园的一名高级董事发起，联合北京葡萄酒爱好者及酿酒专业机构，联袂打造的"私人会所模式"的天然原生态私家酒庄公司。

古堡庄园是独立的法人实体，始建于2012年9月，注册资本100万元，总投资1000万元，固定资产400万元，年产值1000万元。公司占地面积约80000平方米，建筑面积约1000平方米，主要生产经营各种葡萄酒，设计生产能力为100吨/年。

古堡庄园的定位是走"庄园特色化"道路，努力打造低产量、高品质的庄园特色葡萄酒，大力开展技术创新，不断开发新产品，严把产品质量安全关，凭借自控葡萄园和生产过程的严格管控，有效保障了公司产品从源头到餐桌整个链条的食品安全。

二、葡园情况

公司拥有自控葡萄园150亩，位于著名的沙城酿酒葡萄产区，是受国家原产地保护的重要酿酒葡萄产区之一。种植着赤霞珠、马瑟兰、小芒森、霞多丽等世界著名酿酒葡萄品种，如今正值十多年的黄金树龄期。

三、技术力量

酒庄酿造区具有较完善的基础设施和先进的生产设备，并配备恒温恒湿地下酒窖。拥有国家级酿酒师和品酒师2人，教授级高级工程师2人，技术和管理力量雄厚。

第九章

怀来葡萄园里的耕耘者

怀来产区的创建与发展离不开一批又一批的耕耘者。

在曾经"一穷二白"的年代，老一辈的专家、技术人员怀着大无畏的精神在这里完成了"干白葡萄酒新工艺的研究"，那些年的风沙里有他们的汗水和心血。

在怀来产区快速发展阶段，无数的投资者来来往往，怀来的土地却牵绊着一群追梦人的脚步，他们把半生积蓄留在这里，也把如歌般的酒庄创业故事留在这里。

我们也不能忘却怀来产区每一位基层管理者、酿酒师、园艺师、葡萄果农、酿酒工人，是他们的灵感、技艺、辛劳，共同成就了今日的怀来葡萄酒！

郭其昌

中国干白、干红葡萄酒
新工艺研究的带头人

　　郭其昌，男，1919年10月出生，山东青岛人，中国食品发酵工业研究院教授、高级工程师、技术顾问委员会委员，中国酿酒工业协会葡萄酒专业委员会名誉主任，我国酿酒行业突出贡献专家，享受国务院政府特殊津贴。2011年6月20日在北京逝世，享年92岁。

　　1946年，毕业于上海大同大学化工系。

　　1947年，进入青岛美口酒厂工作，担任厂长职务。

　　1954年，在美口酒厂主持工作期间，应中央有关部门的要求，为周恩来总理参加《日内瓦国际和平会议》酿制起泡葡萄酒。后受到表彰，厂子因此得到扩建。

　　1957—1958年，支援越南，援助河内酒厂，改进产品质量和开发新产品。受到胡志明主席的接见，授予奖章和奖状。

　　1958年，奉调北京，在中央食品工业部发酵工业科学研究所任葡萄酒、果酒高级工程师。

　　1958—1978年，承担轻工业部科研项目"优良酿酒葡萄品种选育"，从300多个葡萄品种中，通过栽培和酿酒试验，选择确定了适合在有关地区栽培的优良酿酒葡萄品种23个，由此确认了国际著名酿酒葡萄品种在中国的地位。

　　1964年，主持的第一轻工业部项目"葡萄酒人工老熟的研究"获得国家科技成果三等奖。

　　1965年，主持的第一轻工业部项目"葡萄酒稳定性的研究"，其研究成果至今被葡萄酒行业广泛应用。

1973年，主持的轻工业部项目"优质白兰地的研究"，获轻工业部科技成果二等奖。

1976—1983年，主持轻工业部项目"干白葡萄酒新工艺的研究"，获国家科技进步二等奖。产品于1979年获得国家第三届评酒会金奖和国家质量金奖，1983年在英国伦敦国际第14届评酒会上获国际银奖。

1980—1981年，主持部颁QB921—1984《葡萄酒及其试验方法》工作，并于1992年延伸为国家标准。

1982年，主持轻工业部项目"葡萄酒生产新技术工业性试验"，赤霞珠干红葡萄酒于1984年获轻工业部酒类质量大赛金奖，并于1985年陆续产出霞多丽干白葡萄酒、麝香半甜白葡萄酒和佳丽酿桃红葡萄酒，是中华人民共和国成立后首次用国际知名酿酒葡萄生产的、以单品种命名的葡萄酒。在河北昌黎缔造"中国第一瓶干红"。

1983—1990年，响应中央"支援大西北"的号召，根据当地的自然条件，先后在新疆鄯善、甘肃武威和宁夏玉泉营建立了当地的第一家酿酒葡萄园和葡萄酒厂，生产优质葡萄酒。

20世纪80年代初期至2002年，创建中国"依法酿酒"体系，最终以《国际葡萄酿酒法规》为依据并由国家经贸委颁布实行《中国葡萄酿酒技术规范》。

1999年，创建《中国葡萄酒质量等级制》并由国家有关部门颁布实行。

解一杰
新中国葡萄酒事业
奠基人之一

　　解一杰（1926—1996），中国长城葡萄酒有限公司创始人之一，首任董事长兼总经理，中华人民共和国葡萄酒事业奠基人之一，中国第一瓶干型葡萄酒"长城干白葡萄酒"主研发人之一，高级工程师。

　　1939年参加工作，同年10月加入中国共产党。先后就读于边区农业学校，边区行政干部学校，轻工业部干部学校（发酵大专）。曾任保定康县三小教师、完县（现顺平县）民政科员等职务。1948年从事酿酒事业，历任雁北专卖公司主任、科长，察哈尔高庙堡酒厂厂长等职务，1953—1983年，任张家口沙城酒厂（现长城酿酒公司）厂长、书记。1983—1986年，任中国长城葡萄酒有限公司第一届董事会董事长兼总经理，1986—1988年，任中国长城葡萄酒有限公司董事会董事。1988年6月离休。

　　作为党委书记，1978年亲自挂帅，组织成立研究组，开展"干白葡萄酒新工艺的研究"，研制成功中国第一瓶干型白葡萄酒，开创了中国现代葡萄酒产业先河，该产品先后获11项国际、国家评酒会金银奖。该项目获国家科技进步二等奖，河北省科技进步一等奖。1979年主持设计建设1222.5亩葡萄基地（长城桑干酒庄前身），引入13种优良酿酒葡萄，开创怀涿盆地酿酒葡萄基地建设之先河。

　　曾担任第三届全国评酒委员，轻工业部特约评酒委员，河北轻工业厅酿酒专家组成员，河北食品学会理事，河北白酒学会副会长等多项社会职务。

卢明华

怀来县林果产业的主要奠基者

1938年5月出生，河北玉田人，中专学历。1959年8月从昌黎农学院果树专业毕业后分配到怀来县林业局工作，曾担任过技术员、副局长、县委委员等职务，1997年5月退休，技术职称为农艺师。

20世纪80年代，怀来县大力发展葡萄种植，因传统的葡萄种植法产量低、成本高、收益期长等原因，村民们不愿意种植葡萄，更愿意种植收益更高的苹果。但卢明华充分认识到葡萄发展的前景，他在怀来县蚕房营开辟出一块12亩的葡萄园潜心研究，创建了"一、二、三"栽培法，编写了30多万字的技术科普讲义，发展葡萄基地3万多亩，对当地葡萄种植业起到了很好的引导作用。1975年根据坝下地区（怀来、涿鹿、宣化等地）的实际情况，编写了10万余字的葡萄栽培技术讲义。

他在葡萄质量管理中还积极倡导限产栽培与延迟采收。倡导科技人员不写《葡萄丰产栽培技术》之类的书籍，不搞葡萄或其他水果高产示范园；行政管理人员对单产过高现象不表扬，更不提倡，要科学引导，甚至制订决议，限制产量。由于每年的气候变化无常，葡萄没有固定采收的节令，每年必须按实测结果决定采收期。特别是品种多的葡萄园，必须按品种分开确定管理方案，决不能一刀切。如米勒图高、宝石解百纳、黑皮诺、雷司令等，在冷凉地区都应按极晚熟的龙眼品种推迟采收，才能达到酿造优质葡萄酒的原料要求标准。他认为在品种选择过程中，既要引进好品种，也应引进外国对该品种的栽培技术和特殊的加工工艺。每一个好品种都有它的独特之处，有的是在栽培上，也有的是在酿制工艺的某一环节上，还有的在贮藏工艺上，应引起足够的注意。

在林果科研方面，他曾荣获国家四部委颁发的"全国农业科技推广先进工作者"称号、国家农业部葡萄早期丰产技术二等奖、河北省苹果矮化三等奖。多次被评为省、市、县先进工作者。还与他人合作在学术期刊上发表《龙眼葡萄营养系选种初报》《龙眼葡萄苗木茎粗与早期生长结果的关系》等论文多篇。

赵全迎

庄园模式
及庄园葡萄酒创研者

赵全迎，男，1943年1月出生于河北省涿鹿县，汉族，大学文化，中共党员，国务院葡萄酒行业终身特殊津贴专家。毕业于天津轻工业学院发酵专业，正高级工程师。1969年8月参加工作。1986年1月调至中国长城葡萄酒有限公司工作——曾任董事、副总经理、常务副总经理。2004年3月退休，退休前为中国长城葡萄酒有限公司总工程师。

他从事酿造专业35年。在中国长城葡萄酒有限公司工作期间，主持"香槟法起泡葡萄酒生产技术开发"项目，获轻工业部科技进步一等奖，并收入国家实用科技成果大辞典；获国家科技进步二等奖；获得国家实用新型专利一项；另获省部级科技进步奖10次；省现代化管理成果奖8次；地市级科技进步奖8次；主持完成长城葡萄酒能力提升的技改工程，参与开发扩建长城葡萄酒基地。2005年，主持负责项目"长城庄园模式的创建及庄园葡萄酒关键技术的研究与应用"获得国家科技进步二等奖，开创了中国酒庄酒先河，奠定了中国酒庄模式的理论基础和体系。主持设计了90吨干红葡萄酒发酵罐、550吨调酒罐专利发明，主持了公司4次重大技改，设计产能4次飞跃，由3000吨到6000吨再到一万吨再到三万吨，综合产能达到5万吨，其中第3、4次技改列入国家经贸委"双加"技改项目。

曾获世界科学技术发展成果奖，全国星火计划带头人，享受国务院特殊津贴，连续五次被评为张家口市拔尖人才。获中共中央、国务院、中央军委颁发的"纪念中华人民共和国成立70周年纪念章"一枚。怀来县老科技工作者协会资深会员、河北省老科协"老专家工作站"专家。

何琇

精明企业家

何琇，从1984年起历任中国长城葡萄酒有限公司（以下简称"长城公司"）副总经理、总经理兼党委书记，2003年1月退休。在任期间，多次被评为地、市级先进管理者，省轻工劳动模范，有突出贡献中青年专家，全国轻工优秀企业家。主要论著：《微机管理信息系统》《应用微机网络综合管理信息系统》《米勒特劳高白葡萄酒》《按市场经济要求，推进企业经营机制转换》《决策管理在企业生产经营中的作用》《转机建制》。

1984年春天，中国长城葡萄酒有限公司刚刚成立6个月，40岁出头的何琇出任了这家中外合资企业的副总经理，于1988年1月被中国长城葡萄酒有限公司董事会聘任为总经理。他审时度势，及时调整经营策略，大力开拓国内市场，不断提高企业的技术水平，扩大生产规模，以保持在竞争中的领先地位……在何琇带领下，长城公司很快实现扭亏为盈，为之后的蓬勃发展创下良好开端。

之后的几年时间里，何琇带领长城公司技术人员奋发进取，成功领导企业进行了三次大规模技术改造，年高档葡萄酒生产能力达万吨规模，先后开发了干、半干、半甜、甜、加香、起泡、蒸馏、配制酒8个系列50多个品种，备受消费者青睐，其中传统法起泡葡萄酒的研制成功填补了我国葡萄酒行业的空白。同时，由于品质优异，龙头产品"长城干白"11次荣获国际金银大奖，蝉联四届国家金奖，被确定为国家名酒；长城系列产品获得大大小小奖励百余次。

在其带领下，中国长城葡萄酒有限公司成为全国500家最大外商投资企业、国家520家重点企业，现被列入农业产业化国家重点龙头企业行列，并被评为全国500家最佳经济效益工业企业、全国轻工优秀企业、全国食品行业优秀企业、中国信息化500强企业等。

奚德智

中国葡萄酒
行业营销专家

奚德智，1951年10月出生于河北省怀来县，男，汉族，中共党员，正高级工程师，中国长城葡萄酒有限公司创始人之一。

1969年毕业于河北科技大学食品发酵专业，同年参加工作，1974年10月加入中国共产党。1969—1983年在张家口长城酿造公司工作，历任厂党委委员、厂机关党支部书记、车间党支部书记等职，1984年入职中国长城葡萄酒有限公司直至退休，历任酿造车间主任、公司党委委员、纪检委书记、团总支书记、副总经理兼营销总监、常务副总经理（主持工作）、党委书记等职，2015年1月光荣退休。

奚德智是中国葡萄酒行业营销专家，由他主导创建了中国长城葡萄酒有限公司第一个完整的营销体系，是中国第二个葡萄实验园的筹建者之一，该实验园后发展为国内顶级的专业酒庄——长城桑干酒庄。曾获得全国轻工业劳动模范，《当代中国酒界人物志》杰出人物，中国食品安全年会优秀管理企业家，河北营销能手，河北轻工企业优秀管理者，河北省企业家创业奖，葡萄与葡萄酒行业杰出贡献奖等多项荣誉。他是国家级品酒专家，国际高级职业经理，中国企业联合会、中国企业家协会高级职业经理，国家葡萄酒、白酒、露酒产品质量监督检验中心技术专家，中国老年学会老龄产业专业委员会理事，河北省人大代表。曾任河北营销协会副会长、河北流通协会副会长、河北省酿酒协会副会长等职。

2008年北京奥运会，奚德智光荣地成为了惠州传递站的第116个奥运火炬手。

刘俊

葡萄种植专家，国务院特殊津贴专家

刘俊，二级研究员，2004年2月至2017年3月任河北省林业科学研究院院长，2017年3月被河北省林业厅评为林科院首席专家。

现任中国农学会葡萄分会会长，中国果品流通协会葡萄分会副会长，河北省葡萄学会会长，河北省果树学会副理事长，河北省林学会副理事长，是河北农业大学、河北科技师范学院客座教授、博士及硕士生导师，河北省评标专家、省政府采购评审专家、河北省科技进步奖、山区创业奖评委，河北省园艺系列高级农艺师、推广研究员职称评定主任委员。

主要成绩及荣誉

主持承担和参加国家、省部级课题43项，取得科研成果40多项，获得省部级奖励9项，其中，河北省科技进步一等奖2项，二等奖3项，三等奖4项；选育新品种11个，获得美国新品种保护品种1个，获国家新品种保护品种2个；制定并颁布地方标准11项；取得了国家专利25项；主持编写专著4部，参加编写专著10部；发表学术论文88篇；培养博士1人，硕士8人。

2008年被河北省人民政府授予"有突出贡献中青年专家"称号，2014年被河北省委、省政府授予"省管优秀专家"称号，2015年被国务院聘为"国务院特殊津贴专家"。

田雅丽

长城葡萄酒
酿造技术奠基人之一

田雅丽，原中国长城葡萄酒有限公司副总经理，2007年9月退休，国家级葡萄酒评委，国家葡萄酒、果酒评酒组副组长，高级工程师。主持中国长城葡萄酒公司酿造十余年，先后参与了"长城干白""香槟法起泡酒"的研发和生产，为今日长城公司的崛起打下了坚实的基础。

田雅丽1977年于河北工学院化工系毕业后被分配到河北省张家口地区沙城酒厂。1978年参与轻工业部重点科研项目"干白葡萄酒新工艺的研究"，同20多名科研人员一起生产出果香味突出、酒香味协调的干白葡萄酒，项目及产品于1983年12月通过鉴定，填补了我国葡萄酒技术的一项重大空白。应用这项科研成果生产的"长城干白"成为中国长城葡萄酒有限公司的品牌龙头产品，多次获得国家金奖和国际权威大奖在内的奖项30多次，畅销国内外。1987年，"干白葡萄酒新工艺的研究"荣获轻工业部和河北省科技进步一等奖，1988年荣获国家科技进步二等奖。

1988年，田雅丽作为主要研究人之一参加了本公司独立承担的国家"七五"星火计划科研项目"香槟法起泡葡萄酒生产技术开发"攻关。1990年，"香槟法起泡葡萄酒生产技术开发"顺利通过国家鉴定，由于她在科技上成绩显著，成为河北省政府1989年首批中青年专家。

在20年的酿酒工作中，田雅丽先后组织开发新产品20多个，其中十几个产品获省、部级以上优秀新产品奖和质量奖。"干白葡萄酒新工艺的研究"荣获"国家科技进步二等奖"，是目前为止葡萄酒行业在科技进步方面的最高奖项。"香槟法起泡葡萄酒生产技术开发"获国家"星火"计划项目金奖，产品荣获香港和曼谷国际食品博览会金质奖。田雅丽参与制定国内第一部《葡萄酒及其试验方法》，参与编写《葡萄酒工业手册》《葡萄酒ABC》等书籍，与其他专家和同事合作出版或独立发表技术论文多篇，是名副其实的长城葡萄酒酿造技术奠基人。

董继先

给怀来百姓谋实惠

　　董继先，从事葡萄和葡萄酒产业工作近30年，为怀来产区葡萄产业发展做出了重要的贡献。曾任怀来县葡萄主产乡镇副乡镇长，林业局副局长并曾兼任中法农场总经理，曾任怀来县葡萄局局长。

　　任乡长期间，他致力于改善和提高当地产品结构，先后拜访了国内诸多知名的葡萄专家和教授，更新换代和丰富了当地的葡萄品种。他倡导"走出去，请进来"，搭建互动运输和销售渠道，切实解决了果农卖果难问题，同时推动了葡萄原酒发酵站项目的建成，兼顾了果农和酒厂两头的利益，促进了整个产区基地的建设和发展。

　　2000年，经法国专家两年多对中国产区的考察论证，中法农场落户河北怀来。怀来县人民政府承接该项目的建设和管理任务，董继先便成为怀来县精心挑选的承办人。他在遵循法国技术标准的同时坚持因地制宜的原则，在苗木引进、基础设施建设、葡萄园开发、酒厂建设、葡萄酒酿造以及酒庄的发展上倾注了极大的心血。正是由于中法庄园的标杆示范作用，怀来地区随后又建立了20多家酒庄，促进了我国葡萄种植与酿酒技术以及葡萄酒质量的提高，标志着我国葡萄酒产业发展正式进入高端化庄园时代。

　　任怀来葡萄酒局局长以来，董继先始终将葡萄酒产业如何上档升级作为工作的主要方向，在葡萄酒生产和营销方面不断探索，促进怀来县先后出台了《怀来县推进葡萄和葡萄酒产业上档升级的实施办法》和《怀来县2015年推进葡萄产业发展工作意见》，并提出了"酒庄+"模式，将文化品牌、旅游、制造业、地产业甚至是培训业都整合到酒庄当中，极大地带动了产区发展和品牌建设，提高了产区知名度。

罗建华

河北省省管专家

罗建华，正高级工程师，国务院工程技术突出贡献特殊津贴专家。曾任长城桑干酒庄酿酒工程师，现任怀来县贵族庄园葡萄酒业有限公司总工程师。"河北省十大科技女杰""中央企业知识型先进职工标兵""河北省省管专家"。

所获成就

她长期从事葡萄酒酿造技术工作，围绕葡萄种植、葡萄酒酿造技术、品质控制、食品安全管理等技术方面的问题。研究出了多项葡萄酒酿造新技术，先后研制出数十种怀来产区特色葡萄酒新产品。

作为主要研究人员参与国家重点科研项目"干白葡萄酒新工艺研究"课题研究，研究成果获国家科技进步二等奖。

主持完成"长城庄园模式的创建及庄园葡萄酒关键技术的研究与应用"，形成了国内首创的集基地建设、科技研究、产品开发、规模生产于一体的高档庄园葡萄酒的研发生产模式，该模式获2005年国家科技进步二等奖（名列第三）。

凭借怀来县得天独厚的自然条件，靠创新，启征程，先后研制开发生产出风格迥异的系列干红葡萄酒、舒心的原生态低醇甜型桃红葡萄酒等产品，还有凸显地域特色的龙眼干白葡萄酒。其中主持研制成功"美乐半甜桃红葡萄酒酿造工艺技术研发"，获2013年河北省科技进步三等奖（名列第一）。

近年申请专利数十项，其中授权发明专利4项，实用新型3项，发表论文6篇，技术推广6项。同有关高等院校建立了教育培训基地，累计接待实习学生150人次。

产区寄语

在我国干型葡萄酒发展历史上，怀来这片神奇的土地上诞生了中国第一瓶干白葡萄酒，一举奠定了中国葡萄酒在国际上的地位。葡萄酒产业是怀来县值得荣耀的产业，也是富民强县的主导产业。

立足产区优势，传承历史之基，创新特色新品，彰显怀来魅力。

第三篇
怀来葡萄酒　未来可期

王焕香

中国长城葡萄酒有限公司总酿酒师

产区从业经历

自1988年入职中国长城葡萄酒有限公司，她先后任葡萄园葡萄种植技术员；生产部副经理、工程师；副总工程师，正高级工程师；总工程师、总酿酒师。

所获成就

现任长城公司总酿酒师，中国葡萄酒技术专家委员会委员、国家一级品酒师/高级酿酒师，中国农业大学食品科学与营养工程学院硕士研究生校外导师。

先后担任GB/T 15038《葡萄酒、果酒通用分析方法》的起草人，全国酿酒行业职业技能鉴定统一培训教材《葡萄酒酿造工》的审定人，全国酿酒行业职业技能鉴定统一培训教程《酿酒师》的编写人，发表论文10余篇。

在科研方面，率团队完成葡萄酒冷稳定工艺改进、葡萄酒泥处理新技术、长城高品质干红葡萄酒酿造及综合防氧化技术集成等技术创新。主持及参与研发技术工艺改进项目，15次获得国家级企业管理现代化成果奖、省级管理创新奖，9次获省级科技进步奖，申报成功8项发明及实用新型专利。

其主持的长城星级等新产品的研发为公司创造了丰厚的经济效益，也为葡萄酒行业的发展做出了应有的贡献。

产区寄语

怀来产区气候及土壤条件独特，是中国最优质的葡萄及葡萄酒产区。"长城葡萄酒"是怀来的名片，是国家名片。希望发挥产区及区位优势，做优做强葡萄及葡萄酒产业。

孙腾飞

中粮长城桑干酒庄原总经理

产区从业经历

1958年1月生人，汉族，大学文化，中共党员，正高级工程师。毕业于河北广播电视大学机械专业，曾在北京轻工学院进修英语，意大利欧共体农业学院葡萄栽培与葡萄酒酿造技术专业学习，在酿酒葡萄种植、葡萄酒酿造、橡木桶陈酿等技术领域钻研颇深。

1976年6月参加工作，2018年1月退休。退休前为中国长城葡萄酒有限公司副总经理、总工程师，曾任中粮长城桑干酒庄总经理。曾经负责长城葡萄酒国家技术中心怀来产区三个工厂的技术质量工作。"长城庄园模式的创建及庄园葡萄酒关键技术的研究与应用"获国家科技进步二等奖。"长城桑干赤霞珠干红葡萄酒研究开发"获河北省科技进步三等奖。担任中国酒业协会（原中国酿酒工业协会）技术委员会专家，国家评酒委员，国家酿酒大师。河北省有突出贡献中青年专家，河北省"巨人计划"首批创新创业团队领军人才。

所获成就

荣誉

2010年，被评为张家口市第四批拔尖人才。

2011年，被聘为中国酿酒工业协会葡萄酒技术委员会专家。

2012年，荣获"河北省委省政府'巨人计划'首批创新创业团队领军人才"。

2012年，被聘为中国食品工业协会第三届葡萄酒、果酒专家委员会专家。

科技成果

2010年，长城桑干赤霞珠珍藏级干红葡萄酒研发项目获省人民政府科技进步三等奖。

2014年，长城高品质干红葡萄酒酿造及综合防氧化技术集成与示范项目获中粮集团科学技术奖一等奖。

产区寄语

希望细化怀来酿酒葡萄区域，让消费者了解酿酒葡萄区域不同可生产不同特色的产品。使怀来酒庄、酿酒品种保持独特的个性化，细化酒庄的特色产品和历史故事。出版更多有关怀来产区酿酒葡萄及葡萄酒评鉴图书，让消费者获得更加详尽的知识。

中国
怀来
HWAILAI
WINE REGION
与葡萄酒

马树森

怀来紫晶庄园葡萄酒有限公司总经理

产区从业经历

2007年考察怀来产区，投资建成紫晶庄园项目，2008年种植酒庄自有葡萄园，从2012年起将原有酒厂式发酵设备更换为精品酒庄发酵设备，完成从原酒生产企业到精品酒庄的转型。目前已经将怀来紫晶酒庄建设成为知名的精品葡萄酒庄园，在国际、国内的葡萄酒赛事中屡获佳绩。为新一届怀来葡萄酒产业协会会长。

产区寄语

怀来南北群山起伏、层峦叠嶂,中部河谷一马平川,从而形成两山夹一湖的"V"字形河谷地带。多条河流经过,造就了河谷内几十千米古河流冲积土壤,数层石灰石、火山砾石、沙壤土交错,透气透水性极佳,且富含矿物质。

得益于这种地形地貌,河谷内风大、空气干燥,有效减少了霜冻、病虫害的威胁。坐落在官厅湖南岸的紫晶庄园正处于河谷的中心地带,酒庄葡萄园海拔接近600米,无霜期189天,年有效积温1930℃,年降水量360~380毫米,昼夜温差大于15℃。土壤、光照、温度、降水等各项自然条件均与优质酿酒葡萄生长所需相吻合。

我们对未来有很多期待,更希望相关部门对怀来当地葡萄酒产业多关注、多支持,只有产区复兴,企业才有更好的发展。大家共同努力,把怀来产区打造成为世界知名的优质葡萄酒产区,把怀来产区建设成为环境优美、人民生活富裕的美好家园。

李文宏

河北沙城庄园葡萄酒有限公司董事长

产区从业经历

2010年收购河北沙城庄园葡萄酒有限公司，进入葡萄酒行业。2014年收购葡美康（怀来）生物科技有限公司，建立起一家集葡萄种植、葡萄酒酿造、葡萄酒销售及葡萄籽油深加工的葡萄全产业链企业。从业多年的李文宏善于整合资源，协调多方关系，精于企业战略定位，擅长营销策划管理运作。

所获成就

2008年，沙城庄园被评为张家口市重点龙头企业。

自2016年起，沙城庄园葡萄酒先后在RVF中国优秀葡萄酒、沙城产区葡萄酒大赛、宁夏银川"一带一路"世界葡萄酒大赛、中国河北葡萄酒大赛中获得十余枚奖项殊荣。

产区寄语

怀来，一个蜚声海内外的葡萄产区，中国第一瓶干白的诞生地。得天独厚，物华天宝，拥有酿造一支优质葡萄酒所具备的土壤、日照、降雨、气候条件。怀来葡萄产业集群正在形成，必将拥有广阔的发展前景！

田疆

河北马丁葡萄酿酒有限公司总经理

产区从业经历

自1996年9月到怀来产区，参与筹建马丁公司；先后担任马丁公司副总经理、财务总监、总经理、法人代表；现任新一届怀来葡萄酒产业协会副会长兼监事长。

田疆学医出身，进入葡萄酒行业20多年，带领马丁酒庄从原酒发酵厂成功转型为国内知名酒庄，目睹了中国葡萄酒20多年的变迁和发展，有着丰富的企业管理经验。熟知葡萄酒行业国际、国内的标准、法规及不同产区的特点。擅长葡萄酒的推广，葡萄酒的品鉴，专注葡萄酒与健康。

所获成就

在专业领域，田疆是中国食品工业协会葡萄酒及果露酒分会国家评酒委员，国家一级品酒师。

目前担任中国酒类流通协会精品酒庄联盟常务副会长，是葡粹中国酒庄联盟创始人之一，积极推广中国葡萄酒，开展酒庄旅游，宣传怀来产区葡萄酒。

产区寄语

怀来产区有悠久的葡萄种植历史，有独特的龙眼葡萄，有得天独厚的地理位置，盆地、湿地、河谷、山谷、水库造就了怀来独特的风土！是中国不可多得的优质葡萄产区。

怀来一定能够酿造出世界级美酒，让世界惊艳！我们只需坚持做好自己，跟随时间的步伐等待未来。

未来马丁酒庄将继续从种植和酿造入手，严把质量关，认真做好每一瓶酒，在国际、国内各项比赛中获得多项大奖，为产区争得荣誉。

何家炟

中粮长城葡萄酒酒庄酒管理中心副总经理、
长城桑干酒庄党支部书记

产区从业经历

中国食品工业协会第四届中国葡萄酒、果酒专家委员会委员。从2013年6月起调任长城桑干酒庄，先后任总经理兼任中国长城葡萄酒有限公司副总经理、桑干酒庄党支部书记等职务。

在任期间，何家炟从零开始组建酒庄旅游团队，持续扩大旅游业务板块，桑干酒庄2019年全年接待游客39000余人次。

产区寄语

葡萄酒是一个"功成不必在我"的行业，第一代，第二代，甚至第三代一起努力，做好品牌功在千秋。期待怀来产区的再次振兴，欢迎更多同仁和消费者来到桑干酒庄，这里有真实的桑干河和长城，看一看不同品种的葡萄藤，品一品咱们自己的酒庄酒，感受一下地地道道的大美怀来产区。

希望怀来能够秉承历史，开创未来，打造中国最好的产区，酿制中国最好的葡萄酒。

李韧

中法庄园、迦南酒业首席执行官

产区从业经历

李韧于2002年加入ASC（中国最大的进口精品葡萄酒公司），并担任其品牌市场及供应链副总裁。在长达近20年的葡萄酒从业经验中，他见证了葡萄酒市场从野蛮生长到深度调整的过程，使他在行业中拥有长足经验与独到眼光。

2019年7月，李韧加入迦南集团担任首席执行官，致力打造产于中国的世界一流葡萄酒。

产区寄语

葡萄酒讲究风土、酿造、产区，不同的是口感风格以及最终到达消费者手里的价格。中国目前是世界第五大葡萄酒消费市场，未来将会有极大增长，这是一个值得期待的场景。对于一个国产精品酒庄来说，投入方式与品牌建设都将是未来的核心竞争力，并会随着时间的积累，越来越有价值。

程朝

河北怀来瑞云葡萄酒股份有限公司董事长

产区从业经历

1998年起，在怀来县东花园镇东榆林村投资建设瑞云酒庄项目。程朝是遗传育种方面的专家，有30多年的农业栽培经验，并在农业育种方面有24项科研成果。

产区寄语

怀来产区是世界最好的葡萄酒产区之一，酿酒葡萄糖酸比平衡，葡萄酒珍藏价值显著，紧邻世界最大的葡萄酒消费市场之一——中国首都北京，注定会成为世界著名产区。

赵德升

中法庄园、迦南酒业酿酒师

产区从业经历

从2003年起扎根怀来产区，担任中法庄园酿酒师，2010年至今同时兼任迦南酒业酿酒师。

所获成就

赵德升先后于2014、2016年度被《葡萄酒评论》杂志评为"年度最佳酿酒师"，被《2017贝丹德梭葡萄酒年鉴》（中文版）评为"年度中国酿酒人"。

产区寄语

怀来产区结合了中国东部产区和西北产区的优势，除了具有非常适宜的气候条件，产区内海拔的变化和土壤类型的多变及复杂成因，造就了怀来风土的多样性。从霞多丽、雷司令等白葡萄品种，到中晚熟的美乐、西拉、马瑟兰、赤霞珠等，都在怀来产区有着非常突出的品质表现。特别的风土条件，赋予了怀来产区葡萄酒果香、平衡、优雅及陈酿潜力的风格特点。

怀来产区作为中国最早的葡萄种植和葡萄酒产区之一，有其独特的风土条件和邻近北京的地理优势。近几年随着河北省对怀来葡萄种植和葡萄酒产业的大力扶持，相信怀来产区会再次大放异彩，在中国乃至世界范围内产生更大的影响力。

曹蔼

张家口怀谷庄园
葡萄酒有限公司
董事长、酿酒师

产区从业经历

    自1996年在怀来踏入葡萄酒行业，一直在产区内活跃。先后在长城果品有限公司、怀来斯帕多内葡萄酒有限公司、河北益利葡萄酒有限公司任职，2013年创立张家口怀谷庄园葡萄酒有限公司。目前为国家二级品酒师、逸香葡萄酒认证讲师。

    在技术领域方面，曹蔼擅长更多保留产品特点和优势，不做过多修饰调整，灵活借鉴各种工艺手段，创造平衡的葡萄酒产品；消化吸收国际先进技术，加以整合创新，结合国内市场需求；利用各种水果研发风格多变有特点的新品种果酒。

所获成就

    怀谷庄园葡萄酒先后在比利时布鲁塞尔葡萄酒、一带一路国际葡萄酒大奖赛、英国Decanter亚洲葡萄酒大赛中获得大金奖在内的众多奖项。曹蔼于2019年被西北农林科技大学授予杰出校友"金葡萄创业奖"，曾担任中国河北省葡萄酒大赛评委。

产区寄语

怀来产区是国内最有历史最有古老文化的葡萄与葡萄酒产区，曾诞生了中国的第一瓶干白葡萄酒。我也一直坚信怀来是中国乃至世界最具潜力的葡萄酒产区。

怀来毗邻北京，区位优势明显，希望依托怀来优势产区文化，为提升怀来产区的知名度和影响力做出更大的贡献。

第三篇 怀来葡萄酒 未来可期

于庆泉

中粮长城桑干酒庄总经理兼总酿酒师

产区从业经历

　　2017年5月至今，担任长城桑干酒庄总酿酒师，推动桑干酒庄产品全新上市，开发雷司令2017、传统法起泡酒、琼瑶浆甜白等8个新产品，扎根中国风土，精益求精，酿造中国特色葡萄酒。

所获成就

　　获首届全国葡萄酒品酒技能大赛冠军、全国"五一"劳动奖章、全国技术能手、中央企业先进职工标兵等荣誉称号；2015年在宁夏工厂与外籍酿酒师Slavina

合作，获得宁夏贺兰山东麓国际酿酒师挑战赛金奖。

发表《蛇龙珠葡萄酒酿造过程中颜色变化规律研究》等中英文论文6篇。

参与"红葡萄酒中酚类物质的HPLC-MS谱库构建及指纹分析""特级珍藏葡萄酒酿造综合工艺的开发研究""沙城产区高标准酿酒葡萄园模式及栽培技术体系研究"等产品开发和技术研发项目6个，建立各产区栽培技术管理体系，深度参与蓬莱工厂信息化系统设计开发。

产区寄语

酿造中国特色的顶级美酒，形成独特的产区风格和葡萄酒产业链，带动当地经济发展。

李荣杰

河北马丁葡萄酿酒有限公司副总经理、酿酒师

产区从业经历

曾在怀来容辰庄园葡萄酒有限公司、怀来德尚葡萄酒有限公司、怀来龙泉葡萄酒有限公司工作。2011年至今，任职于河北马丁葡萄酿酒有限公司。

所获成就

国家一级酿酒师、国家一级品酒师、西北农林科技大学中国葡萄酒感官分析专家库专家、中国食品工业协会葡萄酒（果酒）国家评酒委员。

荣获中国优质葡萄酒挑战赛金牌酿酒师、2019年度"中国酿酒师状元大奖"荣誉称号。

截至2019年底，主持酿造的葡萄酒共荣获国际国内大奖45个，其中国际大奖9个。

产区寄语

经过我们几代人的奋斗，怀来葡萄酒必将誉满天下。怀来产区是中国的，也是世界的。

于海森

中粮长城桑干酒庄（怀来）有限公司基地管理部经理

产区从业经历

1996年，进行单芽育苗繁育研究。

1997年，参与建设中国长城葡萄酒有限公司土木原料基地。

1997—2011年，在桑干酒庄研发部进行新产品研发及项目管理。

2011年至今入职桑干酒庄基地管理部。

所获成就

河北省新世纪"三三三人才工程"第三层次人选、怀来县拔尖人才、怀来县葡萄产业发展先进个人等荣誉称号。

多次获河北省科技进步奖，申请《卷地膜装置》《分段裁剪用绕线装置》等专利。发表《葡萄均衡营养肥对葡萄品质的影响》《沙城产区赤霞珠葡萄最佳成熟度的确定》《沙城产区酿酒葡萄老园改造技术——由多主蔓篱架改成斜杆水平篱架》《火焰原子吸收光谱法测定葡萄酒中的铁、铜离子》等论文。

产区寄语

发挥产区优势，展现风土特色，酿造顶级美酒，实现绿色发展。

中国 怀来 HWAILAI WINE REGION 与葡萄酒

王正孝

河北丰禾葡萄苗木科技发展有限公司董事长

产区从业经历

1990年开始从事葡萄种植及农资经营工作，连续多年为长城等葡萄酒厂提供酿酒葡萄。

2008年1月，牵头注册成立了怀来众诚葡萄专业合作社，种植葡萄面积达3600亩，在桑园镇乃至全县起到了良好的示范带动作用。

于2014年初投资1000万元，租用土地70亩，新建了年生产能力100余万株的葡萄苗木繁育基地，与中国农业大学、昌黎果树所、郑州果树所等科研单位合作，引进国外优良的抗性砧木和市场适应性强、销售价格高的新品种，现已繁育嫁接葡萄苗木近50多个品种。

所获成就

　　合作社在2008年被河北省农业厅授予"河北省农民专业合作社示范社"，2010年被张家口市人民政府授予"张家口市农民专业合作社示范社"，2010年8月王正孝被河北省林业局授予"2010—2011年度河北省林果产业重点专业合作组织"。2015年3月王正孝被中共怀来县委、怀来县人民政府评为2014年度农业产业发展"先进个人"。合作社在2016年12月被农业部、国家发改委等9家单位联合认定为国家农民合作社示范社。2017年王正孝被河北省葡萄学会聘为"河北省葡萄学会副会长"，2017年12月被中共怀来县委、怀来县人民政府授予第二批县级"优秀人才"称号。

第三篇
怀来葡萄酒　未来可期

王柱

怀来紫晶庄园葡萄酒
有限公司酿酒师

产区从业经历

2008年7月至今，任职于怀来紫晶庄园葡萄酒有限公司。

个人更偏好红葡萄酒的酿造，根据葡萄原料的品质选择酿造果香丰富、简单易饮的佐餐酒或者复杂醇厚的陈酿型葡萄酒。

所获成就

所酿酒品于2017年布鲁塞尔国际葡萄酒大赛获得1金1银，2018年布鲁塞尔国际葡萄酒大赛获得2金4银，2019年布鲁塞尔国际葡萄酒大赛获得2金1银。

产区寄语

产区富含砾石的沙质土透水性好，雨后不会有积水，而且矿物质丰富，可以说是中国最好的风土之一。优秀的年份很多，几乎没有特别差的年份。

希望产区继续不断地做出高品质葡萄酒，提升产区美誉度和知名度，将产区打造成世界的怀来产区。

张慧

盛唐葡萄庄园总监

产区从业经历

主修专业是果树专业，并且一直从事葡萄种植的技术工作，因此在技术及葡萄园的管理方面比较擅长。

2009年在盛唐葡萄园建园初始就从事这一项目的工作，2013年开始主管全部葡萄园的管理工作（包括中法葡萄园）至今。

产区寄语

怀来产区自然灾害少，葡萄品质及产量比较稳定，是可以生产出优质葡萄酒的产区。怀来具备种植优质葡萄得天独厚的气候条件，交通便利，离首都又近，加上政府的大力支持，相信怀来产区可以走出一条康庄大道。

周佃阳

怀来县城投公司
技术顾问

1973年，开始从事果树管理。

1979年，开始试种60亩龙眼葡萄，当年成活率97%，成功为全镇乃至全县葡萄产业发展起了好头。

1982—2010年，担任桑园镇林业技术员，被果农称为"土专家"。

1997年，将葡萄1∶2∶3栽培法升级为1∶2栽培法，第二年酿酒品种产量达500kg以上，并在中国农学会第五次研讨会上发表相关内容。

2008年，被评为河北省十佳农民种植能手，怀来县优秀人才。

2012年，被怀来县授予葡萄产业发展先进个人。

2017年，被评为怀来工匠人才。

从1993年开始记录气候条件，搜集并整理出葡萄病虫害等发生规律，帮助果农提前预防，减少损失。

第十章

怀来葡萄与葡萄酒产业规划

2018—2020年，河北省委书记先后四次到怀来县专门就葡萄产业进行视察调研，对进一步做大做强葡萄产业提出了"十个一"工作要求。2020年4月，为深入贯彻落实省委书记系列指示精神，切实推动重点工作落实落细，怀来县人民政府特制定《关于持续抓好王东峰书记指示精神贯彻落实全力推进葡萄产业十项重点工作的行动方案》，目前各项工作均已开始推进落实。

一、推动葡萄产业"一二三"产业融合发展

进一步扩大葡萄种植面积，并推进基地建设与招商引资，在高铁沿线两侧及万亩葡萄生态体验园完成葡萄种植2700亩，怀来葡萄酒局完成葡萄种植3000亩，推动中城葡萄酒庄园特色小镇、奥伦达·湖城葡萄文旅产业园、利世G9国际葡萄酒文化小镇种植葡萄2000亩，并实现万亩葡萄种植基地全部公司化运营、市场化运作。加快酒庄集聚融合，紧紧围绕"葡萄+生态+旅游+康养"产业大融合新模式，打造世界一流的葡萄产业集群。加快融合发展，设计规划葡萄旅游精品线

路，支持现有酒庄改造升级，增强休闲观光旅游接待功能。打造湿地万亩葡萄园观光旅游线路，设计建设以葡萄酒体验为主的经营项目。

二、梳理、完善怀来产区发展规划

总体规划经IBM、奥美、安永三家国际咨询公司的产业发展规划专家委员会论证，《怀来县葡萄产业2021—2025五年发展规划》启动编制。根据法国国家实验室前期完成的土壤分析成果报告，对现有10万亩葡萄基地进行改造提升，同时对怀来葡萄酒产区其他适宜种植葡萄的10万亩土地进行总体规划，

专家委员会论证会议

聘请中国农学会葡萄分会刘俊会长主持编制《怀来县适宜种植葡萄品种推荐大纲》。对县域内葡萄温泉、自然生态、历史人文等各类资源进行统一规划、综合打造，形成旅游发展整体效应。以"全域旅游+"为抓手，加快红色旅游开发，大力发展康养游、民宿游等新业态。

三、强化怀来产区队伍建设

推动怀来葡萄酒协会建设，建立怀来产区葡萄产业专家顾问团队，构建人才培养支撑体系。对国内外专家、本土人才实行产区专业人才注册管理制度，建立葡萄产业发展人才库，通过委托研发、兼职工作、定期指导等灵活方式开展合作，促进专业技术人员创新与全面化服务。

四、增强产区科技与教育，完善追溯体系

筹备成立河北葡萄酒研究院，由中国农学会葡萄分会会长刘俊任荣誉院长，定期开展全国葡萄酒学术交流、产品展示等活动。推动怀来职教中心升级为大

专院校，在现有的葡萄种植、葡萄营销等专业基础上，增设葡萄酒酿造、葡萄酒品鉴、葡萄酒文化、侍酒和葡萄酒形象宣传等相关课程。与法国、美国等国家的葡萄酒研究机构开展深度合作，筹划建设国际葡萄酒研究院怀来分院。推动中国国际葡萄酒鉴定研发中心项目建设，完成申报怀来

迦南酒庄苗圃

葡萄酒地理标志证明商标工作。以中粮长城葡萄酒有限公司为试点，推动怀来葡萄酒追溯体系建设。

五、举办节会活动，扩大产区影响力

包括首届怀来国际葡萄酒节、2020比利时布鲁塞尔（河北·怀来）国际马瑟兰葡萄酒大赛暨中国国际葡萄酒大赛、全国葡萄酒爱好者盲品大赛、国际"酿酒师、品酒师、侍酒师"技能大赛、首个以"马瑟兰"为单独主题的葡萄酒产业国际论坛在内的"一节三赛一论坛"。

六、结合文艺、出版等方式，推进产区品牌建设

在官厅湖畔策划举办"印象怀来"实景演出。推进"怀来，酿造一杯时光"主题宣传落地。明确怀来产区统一宣传LOGO、完成产区品牌宣传片制作。由比利时布鲁塞尔国际葡萄酒大奖赛主席卜度安·哈佛（Baudouin Havaux）先生，世界十大酿酒顾问、著名葡萄酒专家李德美先

官厅水库

生组成编撰组，对标波尔多，对怀来的气候、降雨、湿度和土壤矿物质含量、酸碱度以及怀来葡萄产业现状和资源等进行比较分析，编撰出版《中国怀来与葡萄酒》一书。

七、搭建展示、交易平台，扩宽销售渠道

建设世界葡萄酒之窗博物馆，鼓励支持现有酒庄建设葡萄酒文化展示平台。加快推动中联加研究院数字葡萄项目建设，招聘组建数字葡萄运营专班，与电商、各酒庄、湿地公园旅游景点相结合搭建数字网络平台。启动运营怀来县城投商贸有限公司，与京东、顺丰等知名电商平台开展深度合作，全面拓展葡萄和葡萄酒网上销售业务，搭建网络销售、宣传、葡萄酒知识宣讲平台。完善怀来恒大葡萄酒交易中心国内部分功能、基础设施建设。引进国内各大产区葡萄酒企业入驻，打造怀来葡萄酒主题餐厅旗舰店，塑造特色鲜明的产区形象。打造怀来产区直营店、体验店，鼓励企业在京津、"长三角""珠三角"等发达地区建立怀来产区体验店。

八、按照"一湖三圈"要求，发展怀来葡萄产业

按照"一湖三圈"怀来农业生产要求，围绕官厅湖畔，建设"一湖两域三点四大"葡萄产区怀来葡萄大产业。一湖：即以官厅湖为核心，布局优势葡萄产区。两域：以永定河为界，官厅湖为心，将怀来葡萄产区分为湖南、湖北两大种植区域，安排不同种植、加工、观光项目。三大支撑点：把葡萄种植、加工、观光旅游作为三大支撑点，带动葡萄产业发展。

建设四大产区

（1）官厅湖南岸酿酒葡萄产区　该产区从拦河大坝往东，包括小南辛堡镇、东花园镇、瑞云观乡和官厅镇部分村镇。该区域是桑洋河谷产区酿酒葡萄最佳种植区之一，近二十年来，这里以发展酿酒葡萄生产和葡萄酒庄而受到关注。

（2）官厅湖北岸鲜食与酿酒葡萄产区　该区包括怀来的北辛堡镇、狼山乡、土木镇、沙城镇、东八里乡、新保安镇、西八里镇、大黄庄乡等，本区域坐落着我国著名的葡萄酒企业——中国长城葡萄酒有限公司、长城桑干酒庄，是产区里

光热条件最好的区域之一，是发展中、高积温组品种优质酿酒葡萄和鲜食葡萄的理想区域。

（3）老君山鲜食与酿酒葡萄产区　该区可分成两个亚区，拦河大坝往西，包括怀来的官厅镇、桑园镇东半部分，为鲜食、酿酒葡萄混合产区，桑园镇西部为优质鲜食葡萄种植区。

（4）北山冷凉产区　主要包括王家楼回族自治乡、存瑞镇，其海拔在800米以上，北部近山林一带多石质丘陵，南部为黄土丘陵。该区域宜发展酿酒葡萄，以起泡葡萄酒、佐餐白葡萄酒原料生产为主，品种可考虑黑皮诺、琼瑶浆、霞多丽、美乐等。